Ben Stacy Jerrik (Hrsg.)

# Bidovce

Ben Stacy Jerrik (Hrsg.)

# Bidovce

## Slowakei, Košice, Hornád, Slanské vrchy, Sečovce

Part Press

Cover image: www.ingimage.com
Concerning the licence of the cover image please contact ingimage.

Publisher:
Part Press is a trademark of
International Book Market Service Ltd., 17 Rue Meldrum, Beau Bassin, 1713-01 Mauritius
Email: info@bookmarketservice.com
Website: www.bookmarketservice.com

Published in 2012

Printed in: U.S.A., U.K., Germany. This book was not produced in Mauritius.

**ISBN: 978-613-9-07538-6**

# Contents

## Articles



## References

# Bidovce

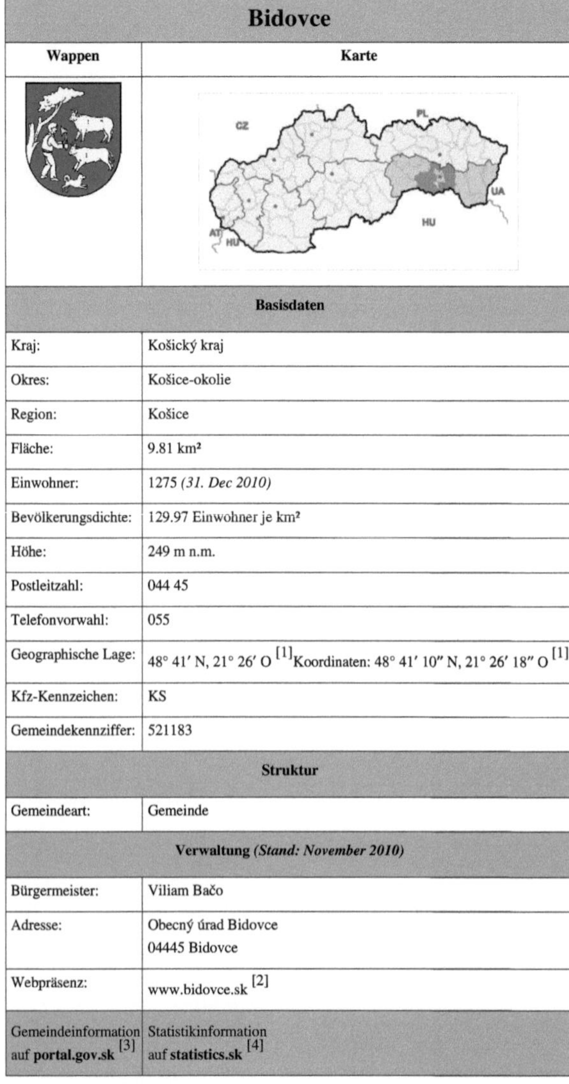

| Bidovce | |
|---|---|
| Wappen | Karte |
| | |
| **Basisdaten** | |
| Kraj: | Košický kraj |
| Okres: | Košice-okolie |
| Region: | Košice |
| Fläche: | 9.81 km² |
| Einwohner: | 1275 *(31. Dec 2010)* |
| Bevölkerungsdichte: | 129.97 Einwohner je km² |
| Höhe: | 249 m n.m. |
| Postleitzahl: | 044 45 |
| Telefonvorwahl: | 055 |
| Geographische Lage: | 48° 41′ N, 21° 26′ O [1]Koordinaten: 48° 41′ 10″ N, 21° 26′ 18″ O [1] |
| Kfz-Kennzeichen: | KS |
| Gemeindekennziffer: | 521183 |
| **Struktur** | |
| Gemeindeart: | Gemeinde |
| **Verwaltung** *(Stand: November 2010)* | |
| Bürgermeister: | Viliam Bačo |
| Adresse: | Obecný úrad Bidovce<br>04445 Bidovce |
| Webpräsenz: | www.bidovce.sk [2] |
| Gemeindeinformation auf **portal.gov.sk** [3] | Statistikinformation auf **statistics.sk** [4] |

**Bidovce** (deutsch *Bidowetz*, ungarisch *Magyarbőd* – bis 1902 *Bőd*) ist eine Gemeinde im Südosten der Slowakei.

Die Gemeinde Bidovce liegt etwa 15 Kilometer östlich von Košice im Tal der Olšava, eines 50 Kilometer langen Nebenflusses des Hornád. Östlich von Bidovce erhebt sich der Gebirgszug Slanské vrchy mit dem 856 Meter hohen Bogota. Der Gebirgseinschnitt zwischen Bidovce und Sečovce mit einer Passhöhe von 473 Metern (Dargovpass, *Dargovský priesmyk*) wird von der Europastraße 50 genutzt, die über das Gebirge führt.

In Bidovce kreuzt die Fernstraßen 576 (Bohdanovce–Vranov nad Topľou) die Fernstraße 50 (Košice–Michalovce), die zugleich einen Abschnitt der Europastraße 50 bildet.

Der Ort Bidovce wurde im Jahr 1273 erstmals schriftlich als *Beud* erwähnt.

Reformierte Kirche in Bidovce

Die Bevölkerung der Gemeinde Bidovce besteht zu fast 94% aus Slowaken, 52% der Einwohner bekennen sich zur Reformierten Kirche, 31% der Einwohner gaben römisch-katholisch und ca. 3% griechisch-katholisch als Konfession an (Zahlen von 1991).[5]

## Quellen

[1] http://toolserver.org/~geohack/geohack.php?pagename=Bidovce& language=de¶ms=48.6861111111_N_21. 4383333333_E_dim:10000_region:SK-KI_type:city(1275)

[2] http://www.bidovce.sk/

[3] http://portal.gov.sk/Portal/sk/Default.aspx?CatID=109&cityID=521183

[4] http://app.statistics.sk/mosmis/eng/zaklad.jsp?txtUroven=000000& lstObec=521183

[5] Statistikportal MOŠ (http://www.statistics.sk/mosmis/prvav2. jsp?txtUroven=440806&lstObec=521183&Okruh=sodb)

# Slowakei

| **Slovenská republika**<br>Slowakische Republik | |
|---|---|
| Flagge | Wappen |
| **Amtssprache** | Slowakisch |
| **Hauptstadt** | Bratislava |
| **Staatsform** | Parlamentarische Republik |
| **Staatsoberhaupt** | Präsident Ivan Gašparovič |
| **Regierungschef** | Ministerpräsidentin Iveta Radičová<br>(seit 11. Oktober 2011 kommissarisch) |

| Fläche | 49.035 km² |
|---|---|
| **Einwohnerzahl** | 5.429.763 (Juli 2010) |
| **Bevölkerungsdichte** | 110 Einwohner pro km² |
| **Bruttoinlandsprodukt** nominal (2007)[1] | 74.988 Mio. US$ (57.) |
| **Bruttoinlandsprodukt pro Einwohner** | 13.857 US$ (43.) |
| **Human Development Index** | 0.818 (31.)[2] |
| **Währung** | Euro |
| **Gründung** | 1. Januar 1993 |
| **Nationalhymne** | *Nad Tatrou sa blýska* |
| **Zeitzone** | UTC+1 MEZ<br>UTC+2 MESZ (März - Oktober) |
| **Kfz-Kennzeichen** | SK |
| **Internet-TLD** | .sk |
| **Telefonvorwahl** | +421 |

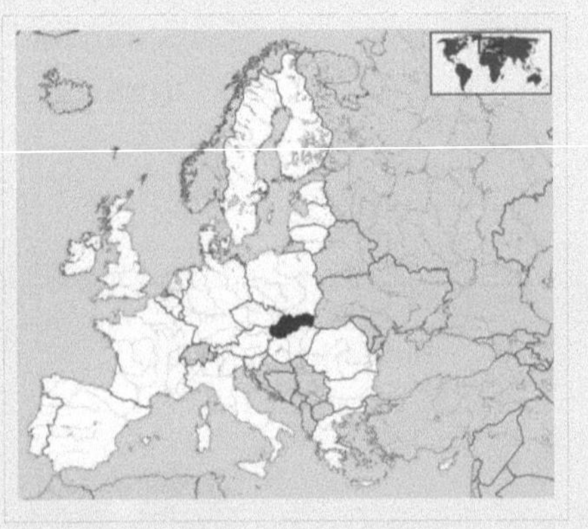

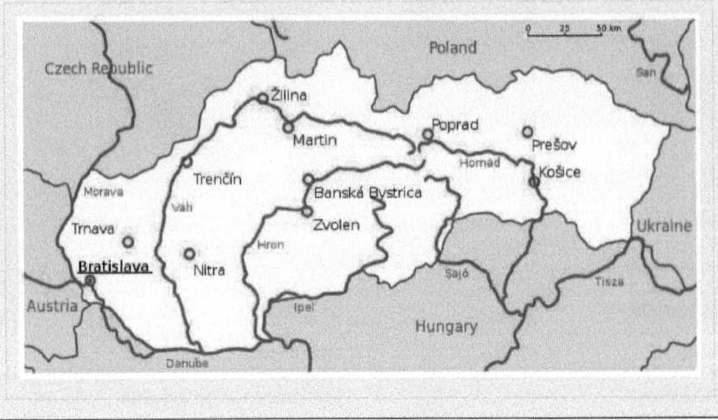

Die **Slowakei** (slowakisch *Slovensko*; amtlich *Slowakische Republik*, slowakisch *Slovenská republika*) ist ein Binnenstaat in Mitteleuropa, der am 1. Januar 1993 durch Teilung aus der Tschechoslowakei hervorging. Seit 2004 ist die Slowakei Mitglied der Europäischen Union und der NATO. Sie grenzt an Österreich, Tschechien, Polen, die Ukraine und Ungarn.

Die äußerst westlich gelegene Hauptstadt Bratislava ist gleichzeitig größte Stadt des Landes.

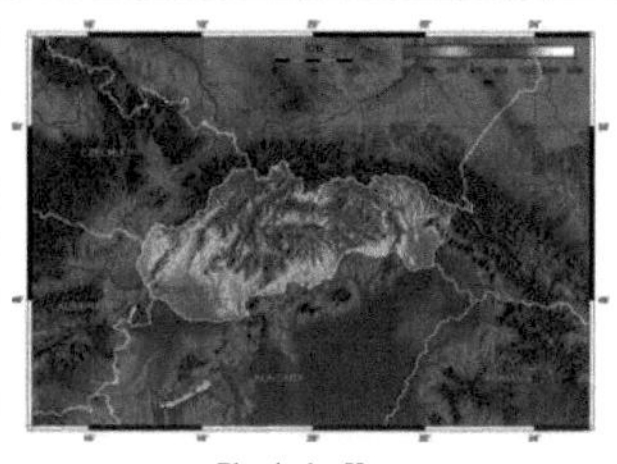

Physische Karte

# Geografie

Die Slowakei hat eine Ausdehnung in Ost-West-Richtung von 410 Kilometern und in Nord-Süd-Richtung von 100 bis 190 Kilometern. Im Norden und in der Mitte hat sie den Charakter eines Gebirgslandes, reicht aber im Süden bis in die Große und Kleine Ungarische Tiefebene. Der Staat hat einen Flächenanteil von fast einem Drittel am gesamten Karpatenbogen, vor allem an den Westkarpaten.

Die Slowakei hat folgende Grenzlängen zu den Nachbarländern: Österreich 127 km, Tschechien 265 km, Polen 597 km, Ukraine 98 km und Ungarn 679 km.[3] Wichtige Grenzflüsse sind die March (zu Tschechien und Österreich), die Donau (zu Österreich und Ungarn) und die Eipel (zu Ungarn).

Zu den wichtigsten Gebirgen gehören (von West nach Ost) die Kleinen Karpaten (Höhe bis 770 m) an der Grenze zu Österreich, nordöstlich anschließend die Weißen Karpaten (*Biele Karpaty*, bis 1000 m), weiter östlich die Kleine und die Große Fatra (*Malá/Veľká Fatra*, bis 1700 m), die Niedere Tatra (*Nízke Tatry*, bis 2040 m) die Tatra (*Tatry*, höchste Gipfel 2400–2655 m). Die Mitte der Slowakei nimmt das Slowakische Erzgebirge (*Slovenské rudohorie*, bis knapp 1500 m) ein. Östlich schließen sich kleinere Gebirgszüge an, sowie der Beginn der Ostkarpaten (in dieser Region auf Deutsch auch Waldkarpaten genannt).

Die Mittelgebirge sind großteils bewaldet; hingegen zeigt das Land vor allem in der Tatra ein hochalpines Bild. Nennenswertes Flachland gibt es nur im Südwesten (Donautiefland) im Bereich Bratislava und Nitra und im Südosten (Ostslowakisches Tiefland östlich von Košice).

Die größten Flüsse der Slowakei sind die Donau (an ihrem mittleren Abschnitt), Waag (*Váh*), March (*Morava*) und Gran (*Hron*). Die höchste Erhebung ist der Gerlachovský štít (*Gerlsdorfer Spitze*) in der Hohen Tatra mit 2655 m (zugleich der höchste Berg der gesamten Karpaten); die Zahl der Zweitausender beträgt etwa 100.

**Größte Städte** (Stand: 31. Dezember 2010)

- Bratislava -
- Košice -
- Prešov -
- Nitra -
- Žilina -
- Banská Bystrica -
- Trnava -
- Martin -
- Trenčín -
- Poprad -
- Prievidza -
- Zvolen -
- Považská Bystrica -
- Nové Zámky -
- Michalovce -
- Spišská Nová Ves -
- Komárno -
- Levice -
- Humenné -
- Bardejov -
- Liptovský Mikuláš -
- Ružomberok -

# Bevölkerung

Im Land leben etwa 5,43 Millionen Einwohner. Die Bevölkerungsentwicklung hatte seit der Unabhängigkeit einen eher stagnierenden Verlauf. Mit einem Durchschnittsalter von 35,5 Jahren gehört die Slowakei zu den Staaten Europas mit einer eher jungen Bevölkerung.

## Ethnische Zusammensetzung

Die Volkszählung von 2001 hat folgende ethnische Zusammensetzung der Slowakei ergeben: Neben 85,8 % Slowaken besteht die Bevölkerung der Slowakei aus 9,7 % Ungarn, 1,7 % Roma, 0,8 % Tschechen, 0,45 % Russinen (Ruthenen), 0,2 % Ukrainern, 0,1 % Deutschen und 1,25 % anderen. Der tatsächliche Anteil der Roma ist laut sämtlichen einschlägigen Quellen und Experten deutlich höher. Laut Aussagen von örtlichen Bürgermeistern u.ä. liegt er etwa bei 8,8 %, der oben genannte Anteil der Ungarn und Slowaken ist dann aber entsprechend um insgesamt 7 % geringer.

## Religionen

In der Slowakei gibt es 15 staatlich anerkannte Glaubensgemeinschaften. Die eindeutig Größte ist die römisch-katholische Kirche. Laut der Volkszählung von 2001 gehören ihr 68,9 % der Bevölkerung an. Weitere Gemeinschaften sind:

- Evangelische Augsburger Kirche 6,9 %
- Griechisch-katholische Kirche 4,09 %
- Evangelisch-Reformiert 2,04 %
- Methodisten
- Orthodoxe Kirche 0,94 %
- Jüdische Gemeinde

Blaue Kirche in Bratislava, gestaltet von Ödön Lechner

Daneben existieren auch noch Baptistengemeinschaften und Gemeinden der Siebenten-Tags-Adventisten. Es gibt auch 11.469 aktive Zeugen Jehovas in der Slowakei, deren Glauben in der Zeit der CSSR verboten war. Im Jahre 2007 waren sie in 160 Gemeinden in der ganzen Slowakei tätig.

12,9 % der Bevölkerung sind konfessionslos und 2,99 % haben keine Angabe gemacht. Unter den sonstigen 1,24 % befinden sich unter anderem Juden, die vor dem Krieg zahlreiche Gemeinden hatten. Heute existieren wieder mehrere Gemeinden, zwei in Bratislava (800 Mitglieder), eine in Košice (700 Mitglieder) sowie in den Städten Prešov, Nové Zámky, Komárno, Dunajská Streda, Galanta, Nitra und Trnava. Während des Kommunismus gab es in der Slowakei kein jüdisches Leben mehr. Viele Jahre hatten Jüdische Gemeinden keine religiösen Oberhäupter. Erst nach der Wende kamen der heutige Oberrabbiner der Slowakei, Rabbiner Baruch Myers aus den USA, und Rabbiner Goldstein aus Israel, die die Gemeinden in Bratislava und Košice leiten.

Die offizielle Zahl der Muslime in der Slowakei ist nicht bekannt, da der Islam keine eigenständige Kategorie bei der Volkszählung 2001 war. Die Anzahl von Gläubigen wird von der ansässigen Stiftung auf 5000 geschätzt.[4]

### Minderheitensprachen

Als Ortschaft mit Minderheit werden nach dem Gesetz jene Ortschaften bezeichnet, wenn eine nicht slowakische Bevölkerungsgruppe bei mindestens 20 % der Gesamtbevölkerung bei zwei oder mehr Volkszählungen erreichte. In diesen Orten wird die Minderheitensprache als zweite im Amtsverkehr verwendet. Auch Aufschriften auf öffentlichen Gebäuden erfolgen zweisprachig. Im Jahr 2011 wurde ein Gesetz gegen den Willen der Oppositionsparteien verabschiedet, nach dem der Prozentsatz auf 15 % reduziert wird. Es handelt sich dabei um die Sprachen Ungarisch, Tschechisch, Bulgarisch, Kroatisch, Deutsch, Polnisch, Roma, Ruthenisch und Ukrainisch.[5]

## Geschichte

### Urzeit bis Hochmittelalter

Die Kelten (seit dem 5. Jahrhundert v. Chr.) waren die erste bekannte Volksgruppe im Gebiet der heutigen Slowakei; als Beispiele der Präsenz sind die Oppida im heutigen Bratislava und Havránok (bei Liptovský Mikuláš nachgewiesen. Sie wurden im ersten nachchristlichen Jahrhundert von den germanischen Quaden abgelöst. Die Slowakei war dann ein germanisches Gebiet an der Grenze (Donaulimes) des Römischen Imperiums (1.–5. Jahrhundert), auf dem sich zahlreiche römisch-quadische Kriege abspielten. Ein Beispiel davon ist die römische Inschrift im heutigen Trenčín (unter Römern als *Laugaricio* bekannt) nach dem Sieg über die Quaden im Jahr 179. Größere Lager des Römischen Reichs in der Umgebung waren Carnuntum im heutigen Österreich und Brigetio in Ungarn; ein Militärlager (Gerulata) befand sich beim heutigen Rusovce.

Römische Inschrift unterhalb des heutigen Burgbergs in Trenčín (179 n. Chr.)

Die slawischen Vorfahren der heutigen Slowaken erreichten das Gebiet um das Jahr 500, gegen Ende der Völkerwanderung. Als Reaktion auf die Vorherrschaft der benachbarten Awaren rebellierten die lokalen slawischen Stämme und gründeten im Jahr 623 das Reich des Samo; dieses erste bekannte slawische Staatengebilde hatte bis 658 Bestand. Im 8. Jahrhundert entstand hier das Neutraer Fürstentum, das 833 Bestandteil des Hauptgebietes Großmährens wurde; wichtige Orte für beide Staaten waren das heutige Bratislava, Devín und Nitra. Hochpunkte des Großmährischen Reiches waren die Einreise der Missionare Kyrill und Method in die heutige Slowakei und die territoriale Ausdehnung unter Fürst Sventopluk. Nach Sventopluks Tod (894) wurde das Reich unter ostfränkischen Angriffen geschwächt und ging mit der Schlacht bei Pressburg im Jahr 907, bei der die Magyaren die Bajuwaren besiegten, unter.

### Königreich Ungarn und österreichische Monarchie

Zipser Burg *(Spišský hrad)*

Nach dem Niedergang des Großmährischen Reiches eroberten die Magyaren schrittweise die heutige Slowakei und gründeten im Jahr 1000 das Königreich Ungarn. Nach der kurzen Eroberung durch Polen (1001-1030) war das gesamte Gebiet sicher unter ungarischer Herrschaft.

Ein hoher Bevölkerungsverlust kam nach dem Einfall von Mongolen im Jahr 1241 zustande, die auch die Landschaft verwüsteten. Darauf wurden seit dem 13. Jahrhundert in größeren Zahlen Deutsche, im 14. Jahrhundert auch Juden angesiedelt. Die mittelalterliche Slowakei war jedoch von wachsenden Städten, Errichtung von Burgen und blühender Kunst charakterisiert.[6] Im Jahr 1465 wurde die erste Universität, Academia Istropolitana in Pressburg, vom ungarischen König Matthias Corvinus gegründet, wurde aber nach Corvinus' Tod (1490) wieder geschlossen.

Nach der Niederlage in der Schlacht bei Mohács im Jahr 1526 waren weite Teilen des Königreichs Ungarn von Türken (Osmanen) besetzt; das nun als Königliches Ungarn bezeichnete Restterritorium (heutige Slowakei, Westungarn, heutiges Burgenland und Westkroatien) wurde Teil der Habsburgermonarchie und Pressburg war seit 1536 die Hauptstadt, seit 1563 auch Krönungsstadt der ungarischen Könige (siehe Martinsdom), nachdem Buda und Székesfehérvár besetzt wurden. Das 16. sowie 17. Jahrhundert wurde stark von Kämpfen gegen Türken, Widerstand gegen die Reformation sowie mehreren anti-habsburgischen Aufständen charakterisiert; nur nach dem Rückzug von Türken nach der erfolglosen Belagerung von Wien im Jahr 1683 sowie Niederlage der Kuruzzen am Anfang der 18. Jahrhundert trat eine Friedensperiode an.

Das Gebiet der heutigen Slowakei verlor seit dem 18. Jahrhundert wieder an Bedeutung; die Kronjuwelen wurden 1783 von Pressburg nach Wien und die Hauptverwaltung nach Buda verlegt. Im 19. Jahrhundert wurde das Land teilweise industrialisiert; diese Periode, insbesondere nach den Revolutionen von 1848/49 und Österreichisch-Ungarischem Ausgleich (1867) war durch Konflikte zwischen den Nationalitäten betroffen.

## 1918–1948

Milan Rastislav Štefánik

Nach der Niederlage der Mittelmächte im 1. Weltkrieg wurde Oberungarn von der Triple Entente im Vertrag von Trianon vom Königreich Ungarn abgetrennt und dem neuegebildeten Staat Tschechoslowakei zugesprochen.

1918 bildeten die Slowaken zusammen mit den Tschechen die Tschechoslowakei. 1918/1919 besetzten tschechoslowakische Truppen die heutige Slowakei, auch das bis dahin mehrheitlich von Deutschen und Ungarn bewohnte Bratislava (deutsch: Preßburg). Die Tschechoslowakei umfasste auch ein Gebiet entlang der Grenze zu Ungarn, in dem noch heute eine ungarische Minderheit lebt (gleichzeitig verblieben slowakische Sprachinseln in Ungarn). Die Tschechen und Slowaken lebten in relativer Stabilität; nach dem Beginn der Weltwirtschaftskrise in der 1930ern geriet jedoch der Staat mehr unter den Druck des revisionistischen NS-Deutschlands und von Horthys Ungarn. Nach dem Münchner Abkommen im Jahr 1938 wurde der slowakische Landesteil autonomer; unter dem Ersten Wiener Schiedsspruch verlor er aber Teile der heutigen Süd- und Ostslowakei.

Die Slowakei wurde unter Jozef Tiso erstmals vom 14. März 1939 bis 1945 vorübergehend als Staatsgebilde selbstständig (als erste Slowakische Republik), faktisch ein Satellitenstaat des Großdeutschen Reiches. Die meisten Juden wurden in dieser Zeit in die deutschen Vernichtungslager deportiert. Im August 1944 begann der antifaschistische Slowakische Nationalaufstand, der aber von der deutschen Wehrmacht niedergeschlagen wurde. Die Slowakei wurde dann von der Roten Armee und rumänischen Truppen bis Ende April 1945 erobert. Danach wurde sie wieder Teil der neugegründeten Tschechoslowakei.

Vor dem Ende des Zweiten Weltkrieges wurden die meisten deutschstämmigen Bewohner von den deutschen Behörden evakuiert, ein kleiner Teil wurde aufgrund der für die gesamte Tschechoslowakei geltenden Beneš-Dekrete vertrieben. Nach dem Ende des Zweiten Weltkriegs wurden außerdem Slowaken in die von Deutschen verlassenen Sudeten umgesiedelt und es kam zu einem umfangreichen Bevölkerungsaustausch zwischen der Slowakei und Ungarn.

## Tschechoslowakei von 1948 bis 1992

Im Februarumsturz im Jahr 1948 gelangte die Kommunistische Partei zur Macht; damit war die Tschechoslowakei Teil des Ostblocks und des Warschauer Pakts, direkt an dem Eisernen Vorhang an den Grenzen zu Österreich und der BR Deutschland. Das relativ liberale Meinungsklima der 1960er unter Alexander Dubček (sogenannter Prager Frühling) wurde mit der Invasion der Truppen des Warschauer Pakts (außer Rumänien) im August 1968 beendet; die Periode danach wird als Normalisierung bezeichnet. Die Slowakei war de jure seit 1969 eine föderale Republik innerhalb der Tschechoslowakei (als Slowakische Sozialistische Republik); die faktische Macht blieb aber in Prag.

Nach dem Zusammenbruch des kommunistischen Systems („Samtene Revolution“) Ende 1989 hatte die föderative Tschechoslowakei aufgrund von abweichenden Interessen der beiden Teilrepubliken nur noch für kurze Zeit Bestand. Ein Vorbote der Auflösung der föderativen Republik war der Streit um den neuen Landesnamen, bekannt geworden als der Gedankenstrich-Krieg. In den ersten freien Wahlen setzte sich die Bewegung «Öffentlichkeit gegen Gewalt» (VPN) unter Vladimír Mečiar durch. Mečiar wurde anschließend zum ersten frei gewählten Ministerpräsidenten der Slowakei. Am 23. April 1991 wurde er vom Parlament abgesetzt und durch Ján Čarnogurský (KDH) ersetzt. Mečiar verließ daraufhin die VPN und gründete die «Bewegung für eine demokratische Slowakei» (HZDS), die im Juni 1992 die Parlamentswahlen gewann. In Verhandlungen mit der tschechischen Teilrepublik einigten sich beide Seiten auf eine Teilung der Föderation in zwei unabhängige Staaten zum 1. Januar 1993. Die Teilung erfolgte einvernehmlich und friedlich.

## Die heutige Slowakei (zweite Slowakische Republik)

1994 wurde Mečiar wegen Streitigkeiten innerhalb seiner eigenen Partei wieder vom Parlament abgesetzt und durch eine Regierung der Oppositionsparteien unter Jozef Moravčík ersetzt. Die vorgezogenen Neuwahlen im Herbst 1994 gewann jedoch wieder Mečiars HZDS. In den darauffolgenden Jahren drohte die Slowakei unter Mečiar in die politische Isolation abzurutschen.

1998 gewann zwar wieder Mečiars Partei die Neuwahlen, da sie jedoch nicht in der Lage war Koalitionspartner für die Regierung zu finden, stellte die «Slowakische Demokratische Koalition» (SDK) unter Mikuláš Dzurinda die neue Regierung. Diese Situation (Mečiar Wahlsieger, Dzurinda Regierungschef) wiederholte sich bei den darauffolgenden Wahlen von 2002. Dzurindas Koalition bestand bei den Wahlen von 2002 allerdings bereits aus anderen Parteien und trug den Namen «Slowakische Demokratische und Christliche Union» (SDKÚ). Die erste Dzurinda-Regierung schaffte es, die Slowakei zurück in den Kreis der ersten EU- und der zweiten NATO-Beitrittsländer zu bringen. 2000 begannen die EU-Beitrittsverhandlungen. 2004 trat die Slowakei sowohl am 29. März 2004 der NATO in Rahmen der NATO-Osterweiterung als auch am 1. Mai 2004 der EU bei.

Im Juni 2006 fanden in der Slowakei vorgezogene Neuwahlen statt. Sie wurden notwendig, nachdem Dzurindas Regierungskoalition die Parlamentsmehrheit verloren hatte, da sie sukzessive von den Parteien ANO (Allianz des neuen Bürgers) und KDH (Christlich-demokratische Bewegung) verlassen wurde. Die Wahlen endeten mit einem

Sieg des bisherigen Oppositionspolitikers Robert Fico und seiner Partei SMER-SD (Richtung - Sozialdemokratie), die eine Woche nach den Wahlen einen Koalitionsvertrag mit den Parteien SNS (Slowakische Nationalpartei) und HZDS schloss. *Siehe auch Regierung Fico*

Außenpolitisch lehnte sich die Slowakei wieder mehr an Russland an[7] und stärkte die Beziehungen zu verschiedenen Nicht-EU-Staaten wie Serbien, Libyen und China. Am 21. Dezember 2007 fielen die Grenzkontrollen nach dem Beitritt der Slowakei zum Schengener Abkommen weg. Am 1. Januar 2009 wurde der Euro eingeführt. Das BIP pro Kopf schrumpfte 2009 aufgrund der globalen Finanzkrise um 4,7 %.[8]

Am 12. Juni 2010 fanden reguläre Wahlen zum Nationalrat statt; die bürgerliche Koalition von Parteien SDKÚ-DS, SaS, KDH und Most-Híd konnte die Regierung Fico ablösen und ist seit dem 8. Juli 2010 an der Macht (siehe Regierung Radičová).

## Zum Namen des Landes

Die Bezeichnung des Gebietes der Slowakei mit ihrem heutigen Namen ist seit dem 15. Jahrhundert nachgewiesen (*Slováky*) und seit dem 16. Jahrhundert häufig belegt (*Slovakia*, *Slavonia*, *Sclavonic*, *Slowakei/Slowakey*). Da das Gebiet der heutigen Slowakei schon seit dem Ende des 5. Jahrhunderts von Slawen besiedelt ist, für die ab dem 9. Jahrhundert die Selbstbezeichnung *Slověne* belegt ist (die in abgewandelter Form auch noch in der heutigen Selbstbezeichnung *Slovák*, der weiblichen Form *Slovenka* und dem Adjektiv *slovenský* steckt), ist der Name *Slowakei* wahrscheinlich älter.[9]

Der Teil des Königreichs Ungarns, der ungefähr oberhalb der Theiß und der Donau liegt und dessen Kern die heutige Slowakei bildet, wurde seit dem 18./19. Jahrhundert inoffiziell als Oberungarn bezeichnet. Nach 1867 wurde der Begriff politisch alternativ als Bezeichnung für die von Slowaken mehrheitlich bewohnten 10 bis 16 Komitate im Norden des Königreichs verwendet. Der Rest des Landes wurde in beiden Fällen als „Niederungarn" bezeichnet. Ursprünglich, vom 16. bis zum 18. Jahrhundert, bezeichnete Oberungarn dagegen ausschließlich die Ostslowakei sowie angrenzende Gebiete des heutigen Nordungarns, der Ukraine und Rumäniens, die nicht von den Osmanen besetzt waren. Mit „Niederungarn" war damals in erster Linie die heutige West- und Mittelslowakei gemeint, aber auch der Rest des Königreichs.

# Politik

Die Slowakei ist seit dem 29. März 2004 Mitglied der NATO, seit dem 1. Mai 2004 Mitglied der Europäischen Union. Am 1. Mai 2004 trat die Slowakei dem Schengener Abkommen bei und am 21. Dezember 2007 fielen die Grenzkontrollen weg. Am 1. Januar 2009 führte die Slowakei den Euro ein.

*Zum politischen System siehe Politisches System der Slowakei*
*Zur aktuellen Politik siehe oben unter Geschichte.*

## Verwaltungsgliederung

Die Slowakei ist in acht Landschaftsverbände („kraj") eingeteilt:

- Banskobystrický kraj
- Bratislavský kraj
- Košický kraj
- Nitriansky kraj
- Prešovský kraj
- Trenčiansky kraj
- Trnavský kraj
- Žilinský kraj

## Polizei und Militär

Für Aufgaben auf dem Gebiet der inneren öffentlichen Ordnung und Sicherheit sowie der Kriminalitätsbekämpfung ist das zentralistisch organisierte „Polizeikorps der Slowakischen Republik“ (slowakisch: *Policajný zbor Slovenskej republiky*) verantwortlich. Die Polizei ist in Kriminal-, Finanz-, Schutz-, Verkehrs-, Grenz- und Fremdenpolizei sowie Dienste für Objektschutz und Sonderdienste aufgeteilt. Im Jahre 2008 betrug die Personalstärke 24.000 Beamte.[10]

Die Slowakischen Streitkräfte (slowakisch:*Ozbrojené sily Slovenskej republiky*) unterstehen dem Verteidigungsministerium und bestehen aus den Teilstreitkräften:

- Heer
- Luftwaffe

1992 erfolgte die Trennung in die Tschechische und die Slowakische Republik. Die Soldaten durften selbst entscheiden, ob sie in der tschechischen oder in der slowakischen Armee dienen wollten. Seit 2004 ist auch die Slowakei NATO-Mitglied.

# Wirtschaft

Die Transformation von der Plan- zur Marktwirtschaft kann heute als abgeschlossen angesehen werden. Makroökonomische Stabilität wurde erreicht, strukturelle Reformen sind weit fortgeschritten, der Bankensektor ist fast vollständig in ausländischen Händen und ausländische Investitionen nehmen zu.

Das Wirtschaftswachstum erreichte im letzten Quartal 2007 14,3 % bzw. für das gesamte Jahr 2007 10,4 %. Dies ist die höchste Wachstumsrate des slowakischen BIPs seit 1989, die höchste in den OECD-Ländern und die höchste bzw. zweithöchste in der EU. Die Wirtschaft ist stark exportorientiert. Das nominelle Lohnniveau ist das geringste in Mitteleuropa.

Am 26. November 2005 ist das Land dem WKM II beigetreten. Am 3. Juni 2008 gab der Rat für Wirtschaft und Finanzen endgültig grünes Licht zur Euro-Einführung zum 1. Januar 2009. Der letzte Leitkurs der Krone - 30,1260 Kronen je Euro - wurde am 8. Juli als der endgültige, ab 1. Januar 2009 geltende Umrechnungskurs für den Beitritt zur Eurozone festgelegt.

Die aktuellen Wirtschaftsdaten der Slowakei sind:

- jährliches Wirtschaftswachstum Dez. 2007: 10,4 %
- Arbeitslosigkeit Dez. 2007 : 10,3 % lt. Slowakischem Statistikamt (Stichprobe) bzw. 8,0 % lt. Arbeitsamt („evidierte Arbeitslosigkeit“)
- Durchschnittslohn (4. Quartal 2007): 22925 SKK (= etwa 694 EUR bei einem Wechselkurs von 1/33)
- Wechselkurs: 1 SKK = etwa 1/30 EUR, ab 1. Januar 2009 Euroeinführung bei einem Umrechnungskurs von 30,126 SKK/EUR
- Jahresinflation Dez. 2007: 3,4 %
- Im Vergleich mit dem BIP dem EU-Durchschnitt ausgedrückt in Kaufkraftstandards erreichte die Slowakei einen Index von 55.1 (EU-25:100) (2005).[11]

2004 wurde die Einheitssteuer mit einem einheitlichen Steuersatz in Höhe von 19 % eingeführt (siehe auch Steuerrecht (Slowakei)).

In der Slowakei befinden sich zwei Kernkraftwerke. Insbesondere das Kernkraftwerk Mochovce war aufgrund österreichischer Klagen und Einwendungen seit dem Ende der 1990er Jahre lange Zeit heftig umstritten. Die bestehenden beiden Reaktorblöcke sollen bis 2012 oder 2013 durch zwei weitere Kraftwerksblöcke ergänzt werden.

## Wirtschaftskennzahlen

Die wichtigen Wirtschaftskennzahlen Bruttoinlandsprodukt, Inflation, Haushaltssaldo und Außenhandel entwickelten sich in den letzten Jahren folgendermaßen:

Die Slowakei ist Teil des Europäischen Binnenmarkts. Zusammen mit 16 EU-Mitgliedstaaten (blau) bildet sie eine Währungsunion, die Eurozone.

| Veränderung des Bruttoinlandsprodukts (BIP) in % gegenüber dem Vorjahr (real) | | | | | | | | | | | | |
|---|---|---|---|---|---|---|---|---|---|---|---|---|
| Jahr | 1996 | 1997 | 1998 | 1999 | 2000 | 2001 | 2002 | 2003 | 2004 | 2005 | 2006 | 2007 |
| Veränderung in % gg. Vj. | 6,9 | 5,7 | 3,7 | 0,3 | 0,7 | 3,2 | 4,1 | 4,2 | 5,4 | 6,0 | 8,3 | 10,4 |
| Quelle: Statistisches Amt der Slowakischen Republik, 03/2008[12]. | | | | | | | | | | | | |

| Entwicklung des BIP (nominal) absolut (in Mrd. Euro) | | | | Entwicklung des BIP (nominal) je Einwohner (in Tsd. Euro) | | | |
|---|---|---|---|---|---|---|---|
| Jahr | 2003 | 2004 | 2005 | Jahr | 2003 | 2004 | 2005 |
| BIP in Mrd. Euro | 29,2 | 33,8 | 38,1 | BIP je Einw. (in Tsd. Euro) | 5,4 | 6,3 | 7,1 |
| Quelle: bfai[13]. | | | | | | | |

| Entwicklung der Inflationsrate in % gegenüber dem Vorjahr | | | | | Entwicklung des Haushaltssaldos in % des BIP („minus“ bedeutet Defizit im Staatshaushalt) | | | |
|---|---|---|---|---|---|---|---|---|
| Jahr | 2003 | 2004 | 2005 | 2006 | Jahr | 2003 | 2004 | 2005 |
| Inflationsrate | 8,5 | 7,5 | 2,7 | 4,6 | Haushaltssaldo | -3,7 | -3,0 | -2,9 |
| Quelle: bfai[14]. | | | | | | | | |

| Entwicklung des Außenhandels | | | | | | | | |
|---|---|---|---|---|---|---|---|---|
| Außenhandel in Mrd. slowakischen Kronen (SK) und seine Veränderung (nominal) gegenüber dem Vorjahr in % | | | | | | | | |
| | 2003 | | 2004 | | 2005 | | 2006 | |
| | Mrd. SK | % gg. Vj. | Mrd. SK | % gg. Vj. | Mrd. SK | % gg. Vj. | Mrd. SK (1.Hj.) | % gg.Vj. |
| Einfuhr | 826 | 10,5 | 940 | 13,8 | 1071 | 13,9 | 613 | 24,5 |
| Ausfuhr | 803 | 23,2 | 890 | 10,8 | 995 | 11,8 | 568 | 23,1 |
| Saldo | -23 | | -50 | | -76 | | -45 | |
| Quelle: bfai[15]. | | | | | | | | |

## Staatshaushalt

Der Staatshaushalt umfasste 2009 Ausgaben von umgerechnet 36 Mrd. US-Dollar, dem standen Einnahmen von umgerechnet 30 Mrd. US-Dollar gegenüber. Daraus ergibt sich ein Haushaltsdefizit in Höhe von 6,7 % des BIP.[16] Die Staatsverschuldung betrug 2009 33,1 Mrd. US-Dollar oder 37,1 % des BIP.[16]

2006 betrug der Anteil der Staatsausgaben (in % des BIP) folgender Bereiche:

- Gesundheit:[17] 7,1 %
- Bildung:[16] 3,9 % (2005)
- Militär:[16] 1,9 % (2005)

# Verkehr

Das Verkehrsnetz ist bizentrisch auf das im Westen gelegene Bratislava und auf das im Osten gelegene Košice ausgerichtet. Es orientiert sich an den Tälern und Flüssen in der sehr gebirgigen Slowakei.

## Eisenbahn

Die wichtigste Bahnverbindung des Landes ist die elektrifizierte Ost-West-Verbindung von der Ukraine über Košice nach Bratislava mit Fortsetzung nach Tschechien, Österreich und Ungarn. Daneben ist die Verbindung von Tschechien über Bratislava nach Ungarn von Bedeutung. Wichtige Eisenbahngesellschaften sind hierbei für den Personenverkehr die Železničná spoločnosť Slovensko a.s. (ŽSSK), für den Güterverkehr die Železničná spoločnosť Cargo Slovakia a.s. (ŽSSK Cargo), als Schienennetzbetreiber die Železnice Slovenskej republiky (ŽSR) und die regional operierende Bratislavská regionálna koľajová spoločnosť (BRKS).

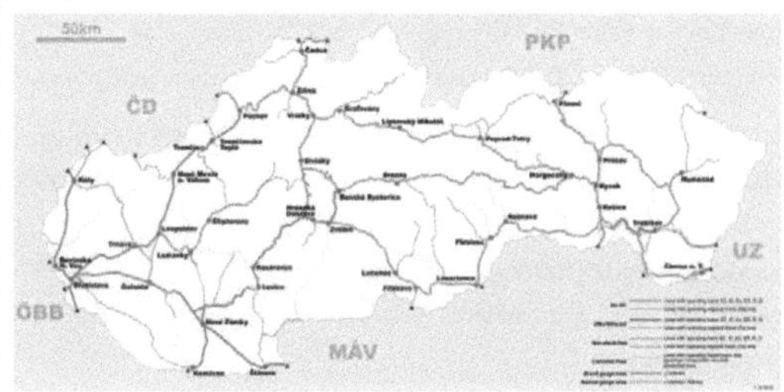

Karte der Eisenbahnen in der Slowakei (Stand 2010)

Das slowakische Schienennetz hat nach dem Stand von 2005 eine Länge von 3.658 km und gehört mit umgerechnet 73,16 km je 1.000 Quadratkilometer Landfläche zu den zehn dichtesten Eisenbahnnetzen der Welt. Es besteht aus 2.638 km eingleisigen und 1.019 km mehrgleisigen Trassen. 1556 km bzw. 42% sind elektrifiziert, davon werden 737 km mit 25 kV / 50 Hz Wechselstrom und 819 km mit 3 kV Gleichstrom betrieben. Hinsichtlich der Spurweiten sind 100 km als russische Breitspur mit 1520 mm Spurweite und 50 km als Schmalspurstrecken ausgeführt. Beim Stand 2010 ist geplant, das Breitspurnetz bis nach Bratislava und weiter nach Wien auszuweiten,[18] um einen Anschluss zur Donau zu schaffen. Für den Güterverkehr bedeutsam sind elektrifizierte und mehrgleisige Schienenstrecken. Der Anteil der zwei- oder mehrgleisigen Strecken beträgt 27%. Dies ist gegenüber anderen europäischen Ländern ein niedriger Wert. Vorteilhaft für die Eisenbahn ist die aus der Vergangenheit resultierende große Anzahl bestehender Gleisanschlüsse in den eisenbahnaffinen Industrien.

Große Schienenverkehrsknoten in der Slowakei sind die Güterbahnhöfe mit Terminals für den Kombinierten Verkehr in Dunajská Streda, Košice, Žilina, Bratislava, Bratislava Hafen, Čierna nad Tisou, Sládkovičovo, Trstená, Štúrovo und Lisková.

## Straße

Das Autobahnnetz befindet sich im Ausbau. Die Hauptverbindungen verlaufen hierbei parallel zu den Eisenbahnen. Daneben besteht ein gut ausgebautes Fernstraßennetz. In der Slowakei bestehen vier wichtige Autobahnverbindungen:

- Autobahn D1 von Bratislava bis Košice
- Autobahn D2 von Bratislava bis nach Brno (Tschechien)
- Autobahn D3 von Žilina bis an die polnische Grenze
- Autobahn D4 von Bratislava bis an die österreichische Grenze

Hochstraße in Považská Bystrica, Autobahn D1

Die Autobahn D1 ist von Bratislava bis Žilina (zirka 190 Kilometer), rund um den Liptauer Stausee in der Liptau und Zips (zirka 80 Kilometer), bei Spišské Podhradie (20 Kilometer), kurz vor Prešov (10 Kilometer) und zwischen Prešov und Košice (20 Kilometer) fertiggestellt. Für die Fertigstellung des gesamten Streckenabschnitts bis nach Košice ist kein Termin bekannt. Die Autobahn D2 (80 Kilometer) ist auf slowakischer und tschechischer Seite fertiggestellt. Die Autobahn D3 ist auf slowakischer Seite nur teilweise rund um Žilina und Čadca fertiggestellt. Die Autobahn D4 bzw. die Autobahn A6 verbindet seit dem 20. November 2007 die beiden nahe gelegenen Hauptstädte Bratislava und Wien.

Das Autobahnnetz soll durch Schnellstraßennetz ergänzt werden. Obwohl aktuell 9 Verbindungen (siehe Liste der Autobahnen und Schnellstraßen in der Slowakei) geplant sind, aktuell nur die Schnellstraße R1 hat eine erwähnenswerte Länge. Zu den Strecken zwischen Trnava und Nitra (45 Kilometer) und Hronský Beňadik und Banská Bystrica (75 Kilometer) soll 2011 auch die Verbindung zwischen Nitra und Hronský Beňadik (50 Kilometer) ergänzt werden. Die anderen fertiggestellten Teile weiterer Schnellstraßen sind zurzeit zumeist nur kleinere Ortsumgehungen.

Sowohl Autobahnen als auch Schnellstraßen werden von der Gesellschaft *Národná diaľničná spoločnosť, a. s.* (Nationale Autobahngesellschaft AG) verwaltet. In der Zukunft sollen auch private Gesellschaften eine Rolle spielen.

Das weitere Straßennetz besteht aus den Straßen 1. Ordnung (vergleichbar mit den deutschen Bundesstraßen), die von der staatlichen Gesellschaft *Slovenská správa ciest* (Slowakische Straßenverwaltung) verwaltet werden sowie den Straßen 2. Ordnung (entspricht etwa den deutschen Staats- bzw. Landesstraßen), deren Instandhaltung die Aufgabe des jeweiligen Selbstverwaltungsgebietes ist.

### Flugverkehr

Es gibt fünf internationale Flughäfen in der Slowakei. Die größten Flughäfen der Slowakei befinden sich in Bratislava, in Poprad, in Sliač und in Košice. Hierzu kommen die sehr kleinen Verkehrsflughäfen in Piešťany und Žilina.

### Schifffahrt

Einzige wichtige Binnenschifffahrtsroute ist die Donau. Haupthäfen sind Bratislava und Komárno.

## Kultur

Slowakei hat eine Reihe Bauwerke, die Teil des Unesco Welterbes sind: Bauerndorf in Vlkolínec, Levoča, Zipser Burg, Bergbaustadt Banská Štiavnica, Historisches Zentrum von Bardejov und einige weitere.

### Bildende Kunst

Die Eltern von Andy Warhol sind in der Slowakei geboren. Einige Namen, die auch im Ausland bekannt sind: Martin Benka, Koloman Sokol, Albín Brunovský, Janko Alexy, Vincent Hložník, Ľudovít Fulla.

### Musik

Zu bedeutendsten Komponisten gehören Jiří Třanovský, Eugen Suchoň, Andrej Očenáš, Alexander Moyzes, Ján Cikker, Ilja Zeljenka, Juraj Beneš, Vladimír Godár und Peter Machajdík. Bei Opersängern gibt es zwei große Namen Edita Gruberová und Peter Dvorský. In 1970er Jahren gab es zwei Jazz-Rock Gruppen auf hohem Niveau Fermáta und Collegium Musicum. Weiter waren oder sind bedeutend: Elán, Marika Gombitová, Horkýže Slíže, Vidiek, No Name und von der ungarischen Minderheit Ghymes.

### Film

Die slowakische Filmproduktion ist nach Gründung der Tschechoslowakei mit Hilfe der Slowaken aus Amerika gestartet. Der erste slowakische Film war Jánošík im Jahr 1921. Nach dem 2. Weltkrieg war Paľo Bielik die herausragende Person des slowakischen Filmes, er hat den ersten Synchronfilm der Slowakei *Vlčie diery* über Slowakischen Nationalaufstand 1948 geschaffen. Der Film *Obchod na korze* (Das Geschäft in der Hauptstraße), in der Hauptrolle mit einer der größten Schauspielerlegenden der Slowakei Jozef Kroner, (Regie Tscheche Elmar Klos und Slowake Ján Kadár) hat 1966 einen Oscar erhalten. In 1960er Jahren sind Peter Solan, Martin Hollý und Štefan Uher zum slowakischem Film gekommen. Die nächste Generation war die von Juraj Jakubisko, Elo Havetta und Dušan Hanák. Nach der Normalisation in 1970er Jahren sah es nicht gut aus um den slowakischen Film. Nach der Unabhängigkeit gibt es das Filmstudio Koliba in Bratislava nicht mehr. Jakubisko arbeitet in Prag, man kann heute nur den Namen Martin Šulík nennen, wenn man vom slowakischen Kino spricht.

### Literatur

Die slowakische Literatur ist im Ausland nicht sehr bekannt, wichtige Namen literarischen Lebens im 18. und 19. Jahrhundert sind Juraj Fándly, Ľudovít Štúr, Pavol Országh Hviezdoslav, Pavol Dobšinský, Ján Hollý, Karol Kuzmány, Janko Kráľ, Andrej Sládkovič, Samo Chalupka und Ján Botto. Bedeutende Namen in 20. und 21. Jahrhundert sind Janko Jesenský, Milan Rúfus, Vincent Šikula, Božena Slančíková-Timrava, Alfonz Bednár, Ladislav Mňačko, Margita Figuli, Milo Urban, Dominik Tatarka, Hana Zelinová, Ladislav Ballek, Martin Chudoba, Zora Jesenská, Peter Puskás, Dušan Mitana und Milka Zimková. Einige Namen der ungarischen Literatur in der Slowakei Lajos Grendel, Árpád Ozsvald, László Mécs, László Cselényi, Árpád Tőzsér und Gyula Duba. In Košice ist der berühmte ungarische Schriftsteller Sándor Márai geboren.

## Sport

Peter Hochschorner, der slowakische Kanute, ist dreimaliger Olympiasieger. Die mit Abstand populärsten Sportarten sind Fußball und Eishockey. Die Slowakei hat die Eishockey WM 2002 in Schweden gewonnen. Die Legenden der slowakischen Eishockey sind Elmar Vasko, Ladislav Troják, Stan Mikita, Ladislav Horský, Ján Starší, Vladimír Dzurilla, Jozef Golonka, Václav Nedomanský, Peter Šťastný und Vincent Lukáč. Die nächste Generation der NHL-Spieler: Miroslav Šatan, Peter Bondra, Žigmund Pálffy, Ľubomír Višňovský, Ján Lašák, Peter Budaj, Zdeno Chára, Marián Hossa, Pavol Demitra und Marián Gáborík. Slovan Bratislava gewann 1969 den Europapokal der Pokalsieger mit dem Sieg 3:2 gegen FC Barcelona. Die Slowaken haben bei Fußball WM 2010 in Südafrika Italien nach Hause geschickt. Im Schachspiel sind zwei Weltklassespieler Ignaz von Kolisch und Richard Réti in Slowakei geboren, zur Weltelite gehört der gebürtige Armenier Sergej Movsesjan, nach zehn Jahren für die Slowakei spielt er erneut für seine Heimat, die Frauenmannschaft der Slowakei siegte überraschend bei der Europäischen Mannschaftsmeisterschaft im Schach 1999 in Batumi. Auch Ondrej Nepela der Olympiasieger im Eiskunstlauf von 1972 in Sapporo war ein Slowake. Die erste Winterolympiasiegerin für die Slowakei wurde die in Russland geborene Biathletin Anastasiya Kuzmina bei der Winterspielen 2010 in Vancouver. Die bekanntesten Tennisspieler sind Olympiasieger 1988 in Seoul Miloslav Mečíř, Dominika Cibulková, Dominik Hrbatý und Daniela Hantuchová. Auch Mirka Vavrinec-Federer und Martina Hingis sind in der Slowakei geboren, sie haben aber für die Schweiz gespielt.

## Weitere Themen

- Slowakische Sprache - Ostslowakei
- Slowakisches Steuerrecht
- Tourismus in der Slowakei - Weinbau in der Slowakei
- Liste traditioneller Regionen der Slowakei - Liste slowakischer Schriftsteller - Liste slowakischer Dichter
- Liste der Flüsse in der Slowakei - Liste der Städte in der Slowakei - Liste der Städte und Gemeinden in der Slowakei
- Kfz-Kennzeichen (Slowakei)
- Slowakische Küche

## Literatur


- Aurel Emeritzy, Erich Sirchich, Ruprecht Steinacker: *Nordkarpatenland.* Deutsches Leben in der Slowakei, eine Bilddokumentation, Badenia, Karlsruhe 1979, ISBN 3-7617-0168-3 (Herausgegeben von: von Karpatendteutschen Kulturwerk, Karlsruhe und Arbeitsgemeinschaft der Karpatendeutschen, Stuttgart).
- Eva Gruberova, Helmut Zeller: *Slowakei* [das komplette Reisehandbuch für Reise, Freizeit und Kultur in dem unbekannten Land zwischen Tatra und Donau im Herzen Europas]. Reise Know-How, Bielefeld 2005, ISBN 978-3-8317-1375-2.
- Ernst Hochberger, Karl Kiraly (Illustrator): *Das große Buch der Slowakei*, 3000 Stichworte zur Kultur, Kunst, Landschaft, Natur, Geschichte, Wirtschaft. Selbstverlag Ernst Hochberger, Sinn 2003, ISBN 3-921888-10-7 (Erstausgabe: Sinn 1997, ISBN 3-921888-08-5).
- Ľudovít Kopa, Zlatica Adamčiaková, ...; Encyklopedický Ústav, Slovenská Akadémia Vied (Hrsg.):*The Encyclopaedia of Slovakia and the Slovaks*, Veda, Bratislava 2007, ISBN 80-224-0925-1.
- Gabriele Matzner-Holzer: *Im Kreuz Europas: Die unbekannte Slowakei*, Wien 2001, ISBN 3-85493-047-X.
- André Micklitza: *Slowakei* [Führer], 2., aktualisierte Auflage, Müller, Erlangen 2010, ISBN 978-3-89953-554-9.
- Frieder Monzer: *Die Slowakei entdecken*, Trescher 2009, ISBN 978-3-89794-129-8.
- Julian Pänke; Deutsche Gesellschaft für Auswärtige Politik (Hrsg.): *Ostmitteleuropa zwischen Verwestlichung und Nationalisierung.* Die Neuorientierung polnischer und slowakischer Außenpolitik zwischen 1989 und 2004. In: *DGAP-Schriften zur internationalen Politik.* Nomos, Baden-Baden 2010, ISBN 978-3-8329-5961-6 (Zugleich

Dissertation an der Europa-Universität Viadrina, Frankfurt (Oder) 2007 unter dem Titel: *Ostmitteleuropa auf dem Weg nach Westen*).

- Renata Sako-Hoess: *Reisetaschenbuch Slowakei*, DuMont 2002, ISBN 3-7701-4889-4.
- Katharina Sommer: *Slowakei*, Iwanowski 2006, ISBN 3-933041-23-6.
- Milan Strhan, David P. Daniel, Peter Cerveňanský, Oto Takáč, et al ...: *Slovakia and the Slovaks*. A Concise Encyclopedia. Encyclopedical Institute of the Slovak Academy of Sciences / Goldpress Publishers, Bratislava 1994, ISBN 80-85584-11-5.
- Susanna Vykoupil: *Slowakei*, Becksche Länderreihe, 1999, ISBN 3-406-39876-6.

## Weblinks

- Offizielle Webseite der Slowakischen Regierung [19] (slowakisch/englisch)
- Offizielle Webseite des Slowakischen Tourismus [20]
- Länderprofil Slowakei des Statistischen Bundesamts [21]
- Umfangreiche ergänzende Infos auf Slowakei-Net.de [22]
- Karten zur heutigen und historischen Besiedlung, Verwaltungsgliederung, Geologie, Geomorphologie, Natur und Landschaft der Slowakei [23] (slowakisch)

## Einzelnachweise

[1] International Monetary Fund, World Economic Outlook Database, April 2008 (http://www.imf.org/external/pubs/ft/weo/2008/01/weodata/weorept.aspx?sy=2007&ey=2007&ssd=1&sort=country&ds=,&br=0&c=512,446,914,666,612,668,614,672,311,946,213,137,911,962,193,674,122,676,912,548,313,556,419,678,513,181,316,682,913,684,124,273,339,921,638,948,s=NGDPD,NGDPDPC&grp=0&a=&pr1.x=29&pr1.y=7)

[2] *Human Development Index* (http://hdr.undp.org/en/media/HDR_2010_EN_Complete.pdf). Hdr.undp.org. Abgerufen am 9. Januar 2011.

[3] Slovakia.travel - Allgemeine Infos (http://www.slovakia.travel/portal.aspx?l=3&smi=208002&ami=208002), abgerufen am 16. Juli 2010]

[4] Moslimovia na Slovensku by chceli mať mešitu (http://hnonline.sk/slovensko/c1-45578030-moslimovia-na-slovensku-by-chceli-mat-mesitu), hnonline.sk am 11. August 2010, abgerufen am 1. Oktober 2010

[5] Novelle des Gesetzes über Minderheitensprachen verabschiedet (http://www.slovakradio.sk/radio-international-de/tagesthema/Novelle-des-Gesetzes-uber-Minderheitensprachen-verabschiedet?l=2&i=10220&p=1) auf Radio Slovakia International vom 26. Mai 2011 abgerufen am 26. Mai 2011

[6] Tibenský, Ján et al. (1971). Slovensko: Dejiny. Bratislava: Obzor.

[7] http://de.rian.ru/business/20091116/123993006.html

[8] Wirtschaftskammer Österreich Länderprofil Slowakei: (http://wko.at/awo/publikation/laenderprofil/lp_SK.pdf), Stand Februar 2010

[9] kultura-fb.sk/new/old/archive/2-3-6.htm (slowakisch) (http://www.kultura-fb.sk/new/old/archive/2-3-6.htm)

[10] Zeitschrift "Bayerns Polizei", Nr. 4/2008, S. 24

[11] http://www.eds-destatis.de/en/database/nms_skeu05.php?th=3 FSO Germany/EDS/Database

[12] Entwicklung des BIP der Slowakei (http://www.statistics.sk)

[13] Entwicklung des BIP der Slowakei (absolut): bfai, 2006 (http://www.bfai.de/DE/Navigation/home/home.html)

[14] Entwicklung der Inflationsrate der Slowakei: bfai, 2006 (http://www.bfai.de/DE/Navigation/home/home.html)

[15] Entwicklung des Außenhandels der Slowakei: bfai, 2006 (http://www.bfai.de/DE/Navigation/home/home.html)

[16] The World Factbook (https://www.cia.gov/library/publications/the-world-factbook/geos/lo.html)

[17] Der Fischer Weltalmanach 2010: Zahlen Daten Fakten, Fischer, Frankfurt, 8. September 2009, ISBN 978-3-596-72910-4

[18] Russische Bahn stellt Breitspur-Projektvor (http://www.logistic-global.com/russische-bahn-stellt-in-der-slowakei-breitspur-projekt-vor/1885)

[19] http://www.government.gov.sk

[20] http://www.slovakia.travel

[21] http://www.destatis.de/download/d/veroe/laenderprofile/lp_slowakei.pdf

[22] http://www.slowakei-net.de

[23] http://enviroportal.sk/atlas/online/index.html

Koordinaten: 49° N, 20° O

gag:Slovakiya kbd:Слоуакэ koi:Словенско ltg:Slovakeja rue:Словеньско xmf:სლოვაკეთი

# Košice

| Košice | |
|---|---|
| **Wappen** | **Karte** |
| **Basisdaten** | |
| Kraj: | Košický kraj |
| Okres: | Košice |
| Region: | Košice |
| Fläche: | 242.768 km² |
| Einwohner: | 233886 *(31. Dec 2010)* |
| Bevölkerungsdichte: | 963.41 Einwohner je km² |
| Höhe: | 210 m n.m. |
| Postleitzahl: | 040 XX |
| Telefonvorwahl: | 0 55 |
| Geographische Lage: | 48° 43′ N, 21° 15′ O [1]Koordinaten: 48° 43′ 13″ N, 21° 15′ 21″ O [1] |
| Kfz-Kennzeichen: | KE, KI |
| Gemeindekennziffer: | 599981 |
| **Struktur** | |
| Gemeindeart: | Stadt |
| Gliederung Stadtgebiet: | 4 Stadtbezirke mit 22 Stadtteilen |
| **Verwaltung** ***(Stand: November 2010)*** | |
| Oberbürgermeister: | Richard Raši |
| Adresse: | Magistrát mesta Košice<br>Trieda SNP 48/A<br>04011 Košice |
| Webpräsenz: | www.kosice.sk [2] |
| Gemeindeinformation auf **portal.gov.sk** [3] | Statistikinformation auf **statistics.sk** [4] |

**Košice** (Aussprache: [ˈkɔʃitsɛ], deutsch *Kaschau*, ungarisch *Kassa*, romani *Kasha*, neulateinisch *Cassovia*) ist eine Stadt in der Ostslowakei, nahe der Grenze zu Ungarn am Fluss Hornád. Sie hat 234.237 Einwohner (2007)[5] und ist damit die zweitgrößte Stadt des Landes.

Košice ist Zentrum der Ostslowakei, Sitz eines Landschaftsverbands (Košický kraj) und gliedert sich in vier Bezirke (okresy). Die Stadt ist griechisch-katholischer und evangelisch-reformierter Bischofssitz. Seit 1995 befindet sich hier auch der Sitz des römisch-katholischen Erzbistums in der Ostslowakei. Košice ist überdies Universitätsstadt, Sitz des Verfassungsgerichtes und ein Zentrum der slowakischen Minderheit der Roma.

Der Anteil der ungarischen Bevölkerung ist mit 3,8 Prozent höher als jener der zwei anderen Minderheiten. Dennoch gilt eher nicht Košice, sondern Komárno als Zentrum der ungarischen Minderheit.

Wie EU-Kulturkommissar Ján Figeľ mitteilte, darf sich die Stadt gemäß Wahl der internationalen Jury Kulturhauptstadt Europas 2013 nennen. Denn neben slowakisch-sprachigen Bühnen gibt es dort auch ein Theater in Romani, der Sprache der Roma, und Aufführungen in der Sprache der ungarischen Minderheit.

Zudem besitzt die Stadt eine wichtige Funktion für den Ost-West-Verkehr, der Italien und Österreich mit der Ukraine und Russland verbindet.

# Geographie

## Lage

Košice und Umgebung auf einem Satellitenfoto

Košice liegt im Kaschauer Kessel (*Košická kotlina*) am Fluss Hornád, bei den östlichen Ausläufern des Slowakischen Erzgebirge, bei den Gebirgszügen Čierna hora (im Nordwesten) und Volovské vrchy (im Südwesten); an der östlichen Stadtgrenze fließt die Torysa, der Kessel wird im Osten von der Bergformation Slanské vrchy begrenzt. Die Stadt ist durch eine Reihe von Gemeinden mit der drittgrößten Stadt Prešov (36 km nördlich) verbunden und liegt etwa 400 km östlich der Hauptstadt Bratislava. Die Grenzen zu Ungarn, zur Ukraine und zu Polen sind jeweils 20, 80 und 90 km entfernt. Die Stadtfläche erstreckt sich über 242,77 km²; die höchste Stelle befindet sich im Nordwesten auf dem Hügel *Vysoký vrch* (wörtlich „Hoher Hügel", 851 m ü. HN), der niedrigste Punkt liegt im Südosten auf 184 m ü. HN. Das Stadtzentrum liegt auf 208 m ü. HN.

Panorama vom Südosten aus; Altstadt mit Elisabeth-Dom rechts

## Klima

Košice liegt in der gemäßigten Zone und im Bereich des Kontinentalklimas mit vier ausgeprägten Jahreszeiten. Die Sommer sind in der Regel warm und trocken, die Winter kalt und feucht.

Die nachfolgende Tabelle zeigt die durchschnittlichen Klimawerte:

**Košice**

**Klimadiagramm (Erklärung)**

| J | F | M | A | M | J | J | A | S | O | N | D |
|---|---|---|---|---|---|---|---|---|---|---|---|
| | | | | | | | | | | | |

Temperatur in °C, Niederschlag in mm

*Quelle:* Slovak Hydrometeorological Institute (SHMÚ) [6]

**Monatliche Durchschnittstemperaturen und -niederschläge für Košice**

| | Jan | Feb | Mär | Apr | Mai | Jun | Jul | Aug | Sep | Okt | Nov | Dez | | |
|---|---|---|---|---|---|---|---|---|---|---|---|---|---|---|
| Max. Temperatur (°C) | 0.5 | 3.2 | 9.3 | 15 | 20.3 | 23.2 | 25.1 | 25.1 | 20.3 | 14.3 | 6.2 | 1.4 | Ø | **13.7** |
| Min. Temperatur (°C) | -5.6 | -3.9 | -0.4 | 4.2 | 8.9 | 11.8 | 13.4 | 13.1 | 9.2 | 4.5 | -0.2 | -3.9 | Ø | **4.3** |
| Niederschlag (mm) | 25 | 24 | 26 | 49 | 70 | 86 | 83 | 70 | 53 | 47 | 42 | 33 | Σ | **608** |
| Regentage (d) | 13 | 11 | 10 | 12 | 14 | 14 | 13 | 11 | 10 | 10 | 13 | 14 | Σ | **145** |

**Quelle:** Slovak Hydrometeorological Institute (SHMÚ) [6]

# Geschichte

Die Gegend ist alter Siedlungsraum (Jungsteinzeit, Bronzezeit). Im 7. Jahrhundert siedelten Awaren, slawische Funde datieren ab den 8. Jahrhundert. Im 9. Jahrhundert war die Stadt Bestandteil des Neutraer Fürstentums und danach von Großmähren.

Kaschau im Jahr 1617

Gegen Ende des 11. Jahrhunderts wurde die Stadt in das Königreich Ungarn eingegliedert. Den Siedlungskern des heutigen Košice bildete eine slawische Siedlung in der heutigen Kováčska-Straße. Parallel zu dieser alten Siedlung, deren genauer Entstehungszeitpunkt unbekannt ist, gründeten deutsche Kolonisten am Anfang des 13. Jahrhunderts in der Nachbarschaft eine Handelssiedlung. Noch im 13. Jahrhundert verschmolzen die beiden Siedlungen und die so entstandene slawisch-deutsche Siedlung erhielt um 1248 als eine der ersten Städte im Königreich ihre ersten Stadtrechte. Kurz zuvor, aus dem Jahre 1230 stammt die erste schriftliche Erwähnung der Stadt (als *villa Cassa*).[7]

In den nachfolgenden Jahrhunderten war Kaschau eine der bedeutendsten und größten Städte des Königreichs Ungarn. Durch seine Lage an einem Handelsweg nach Polen und verschiedene Privilegien blühte der Handel und die Bedeutung wuchs. Die ersten Zunftregeln sind aus dem Jahr 1307 überliefert. Nach der Niederlage der Familie Aba gegen die Truppen von Karl I. in der Schlacht von Rozhanovce im Jahr 1312 wurden als Entgelt der Stadt mehrere Rechte entlehnt. 1347 wurde Kaschau die zweite königliche freie Stadt im Königreich Ungarn nach der Hauptstadt Buda. 1369 erhielt die Stadt von König Ludwig dem Großen ihr Stadtwappen verliehen. Dabei handelte es sich um die erste landesfürstliche Verleihung eines Wappens an eine juristische Person in Europa. Bis dahin gab es dieses

Privileg nur für natürliche Personen.[8] Im 14. und 15. Jahrhundert erreichte die Entfaltung der Stadt ihren Höhepunkt. Im 15. Jahrhundert spielte die Stadt eine wichtige Rolle in der Pentapolitana - einem Städtebund aus fünf Städten in der heutigen Ostslowakei - Košice, Prešov, Bardejov, Sabinov und Levoča. Mitte des 15. Jahrhunderts geriet sie in die Gewalt von Johann Giskra (Jan Jiskra). Sie blieb jedoch auch im 16. und 17. Jahrhundert eines der wichtigsten und größten Zentren.

Im 16. Jahrhundert wurde die Stadt von den Kriegen zwischen Ferdinand I. und Johann Zápolya in Mitleidenschaft gezogen. Im 17. und 18. Jahrhundert war Kaschau Residenz von Franz II. Rákóczi (ungarisch Rákóczi Ferenc, slowakisch František Rákoci). Hier flammten auch die antihabsburgischen Aufstände am heftigsten auf. 1670 ließen die Habsburger eine Festung errichten. In den 1670ern wurde Kaschau einige Male von Kuruzen belagert. 1682 wurde die Stadt von Imre Thököly erobert, der sie 1685 aber wieder verlor. Die Festung wurde im Jahr 1713 zerstört. Im 17. Jahrhundert war Kaschau de facto Hauptstadt Oberungarns, was damals die Bezeichnung für die heutige Ostslowakei und Teile des heutigen Nordostungarns – und damit für die nördliche Hälfte des damaligen Ungarns – war. 1563 bis 1686 war die Stadt Sitz des „Kapitanats Oberungarn" und 1567 bis 1848 Sitz der Zipser Kammer, einer Zweigstelle der obersten Finanzbehörde in Wien für Oberungarn.

Kaschau um das Jahr 1900

Am Anfang des 18. Jahrhundert wurden die Osmanen zurückgeschlagen, die Bedeutung der Stadt schwand, da neue Handelswege an der Stadt vorbeiführten. Die reiche mittelalterliche Stadt entwickelte sich in der Folge in eine landwirtschaftlich geprägte Provinzstadt.[9] Die Stadtmauern wurden größtenteils im 18. Jahrhundert abgerissen. 1802 wurde ein Bistum gegründet. Die ersten Fabriken wurden in den 1840er Jahre errichtet. Das Umland der Stadt war Schauplatz mehreren Schlachten im Zuge der Revolutionen von 1848/49. Die ungarische Armee hat die Stadt am 15. Februar 1849 erobert, sie wurde jedoch von russischen Interventionstruppen am 24. Juni 1849 zurückgeschlagen. Die erste Bahnlinie wurde 1860 von Miskolc aus gebaut. Kurz danach folgten die Linien nach Tschop, Prešov und Žilina.

Nach dem Zerfall Österreich-Ungarns fiel Kaschau am 29. Dezember 1918 an die Tschechoslowakei und war im Sommer 1919 kurze Zeit Sitz der „Slowakischen Räterepublik". Die tschechoslowakische Herrschaft wurde durch den Vertrag von Trianon bestätigt. Nach dem Ersten Wiener Schiedsspruch gehörte Kaschau von 1938–1945 wiederum zu Ungarn. Während der ungarischen Herrschaft im Zweiten Weltkrieg wurde die Stadt am 26. Juni 1941 bombardiert. Daraufhin erklärte die ungarische Regierung den Krieg an die Sowjetunion. 1945 wurde die Stadt von der Roten Armee erobert und fungierte für kurze Zeit als Hauptstadt der Tschechoslowakei. Hier verabschiedete die Regierung am 5. April 1945 das Kaschauer Programm.

Eine Plattenbausiedlung im Stadtteil Staré Mesto im Jahr 1971

Unter der Herrschaft der Kommunistischen Partei, die im Februar 1948 an die Macht gelangte, wurden zahlreiche Plattenbausiedlungen gebaut, infolge der Industrialisierung, insbesondere des Baus des Ostslowakischen Eisenwerks (heute U. S. Steel Košice) wuchs die Stadt schnell und war die fünftgrößte der Tschechoslowakei.

### Name des Ortes

Der deutsche, ungarische und slowakische Name stammt vom Personennamen *Koša* oder vom slowakischen Wort *koša* (etwa „Waldlichtung"; abgeleitet vom Verb *kosit'*„mähen").

## Bevölkerung

| Bevölkerungsentwicklung[10] [11] | | | |
|---|---|---|---|
| **Jahr** | **Einwohner** | **Jahr** | **Einwohner** |
| 1480 | 10.000 | 1930 | 58.100 |
| 1800 | 6.000 | 1942 | 67.000 |
| 1820 | 8.700 | 1950 | 60.700 |
| 1846 | 13.700 | 1961 | 79.400 |
| 1869 | 21.700 | 1970 | 142.200 |
| 1890 | 28.900 | 1980 | 202.400 |
| 1910 | 44.200 | 1991 | 235.160 |
| 1921 | 52.900 | 2001 | 236.091 |

Laut der Volkszählung 2001 hatte die Stadt 236.091 Einwohner (für das Jahr 2007 lautet die Schätzung auf 234.237).[12] Die durchschnittliche Bevölkerungsdichte betrug 972 Einw./km². Der bevölkerungsreichste der fünf Bezirke ist Košice II mit 79.850 Einwohnern, gefolgt von Košice I mit 68.262, Košice IV mit 57.236 und Košice III mit 30.745. Die größte Ethnie sind die Slowaken mit 210.340 Einwohnern (89,09 %), gefolgt von Magyaren mit 8.940 (3,79 %), Roma mit 5.055 (2,14 %) Tschechen mit 2.803 (1,19 %) und Russinen mit 1.279 (0,54 %). Weitere ethnische Gruppen sind Ukrainer (1.077 Einw.) und Deutsche (398 Einw.).[13] [14]

Andrassy-Haus

Im Jahr 2001 waren 137.642 Einwohner (58,3 %) Römisch-Katholiken, 17.831 (7,5 %) Griechisch-Katholiken, 9.301 (3,9 %) Lutheraner, 6.286 Calvinisten, 3.412 Orthodoxe, 1.276 Zeugen Jehovas und 700 Neuapostolen. 45.683 Einwohner (19,3 %) bezeichneten sich als Atheisten oder machten keine Angaben zu ihrer Religionszugehörigkeit.[15]

*Im folgenden werden jeweils nur offizielle (bis 1918 ungarische, dann tschechoslowakische, 2001 slowakische) Volkszählungsergebnisse verwendet.*

Eine größere und dauerhafte ungarische Besiedlung erhielt die ursprünglich slowakisch-deutsche Stadt erst am Anfang des 16. Jahrhundert, als das heutige Ungarn von den Türken besetzt war und zahlreiche Ungarn in den Norden flüchteten. Den Zuzug der ungarischen Bevölkerung förderte auch die vorübergehende Besetzung der Stadt durch Johann Zapolya, der im Zuge der Thronkämpfe die deutsche Bevölkerung, die den Gegenkönig Ferdinand von Habsburg unterstützte, aus der Stadt verjagte und durch eine ungarische Bevölkerung ersetzte. Obwohl der Anteil der ungarischen Bevölkerung in den nachfolgenden Jahrhunderten sukzessive anstieg, lag bis ins frühe 19. Jahrhundert der Anteil der Ungarn unter dem Anteil der Slowaken. Weitere wichtige Volksgruppen waren Deutsche und Juden.

Von 1784 bis zum Beginn des 19. Jahrhunderts halbierte sich die Zahl der Einwohner von 12.000 auf 6000. Die klare Mehrheit stellten Slowaken, erst an zweiter Stelle kamen Ungarn. Im Zuge des Zeitalters der Nationalstaaten trat auch im Königreich Ungarn und somit in Košice eine offene Magyarisierung ein. In den Jahren um 1850 zählte Kaschau bereits 13.200 Einwohner, die Bedeutung der Stadt nahm zu und die Anzahl der Slowaken und Ungarn war ungefähr ausgeglichen. Noch in der ersten Hälfte des 19. Jahrhunderts jedoch beschrieb der Deutsche Wilhelm Richter nach seiner Erkundungsreise durch das Königreich Ungarn Kaschau als eine Stadt, in der zumeist „Slawen und Deutsche, weniger Magyaren" lebten.

Nach dem Österreichisch-ungarischen Ausgleich von 1867 wurde die gezielte Magyarisierung intensiviert und innerhalb von 20 Jahren (1880 — 1900) stieg nach ungarischen Angaben der Anteil der ungarischen Bevölkerung der Stadt von 41 % auf 67 % an, während der Anteil der Deutschen und Slowaken deutlich sank. Somit ist Košice (so wie viele andere Städte der südlichen Slowakei) erst nach 1880 infolge der Magyarisierung zu einer überwiegend ungarischen Stadt geworden.

Nach der Entstehung der Tschechoslowakei 1918 nahm der Anteil der Slowaken sukzessive wieder zu, weil viele Ungarn die Stadt verlassen mussten, ungarische Beamte und Lehrer durch tschechische (später slowakische) ersetzt wurden und viele Slowaken in die nunmehr größte Stadt im gesamten östlichen Teil der Tschechoslowakei zuwanderten. Dieser Prozess wurde nur kurz dadurch aufgehalten, dass Kaschau nach dem Ersten Wiener Schiedsspruch zwischen 1938-1945 noch einmal zu Ungarn gehörte und 1938 noch einmal 30000 Slowaken und Tschechen die Stadt verlassen mussten. Nach 1945 mussten wiederum mehrere Tausend Ungarn die Stadt verlassen und der Anteil der übrig gebliebenen ungarischen Bevölkerung sank durch Zuzug slowakischer Bevölkerung aus den benachbarten eher armen Gebieten der Slowakei. Bei der letzten Volkszählung im Jahr 2001 gaben nur noch 3,8 % der Bevölkerung an, Ungarn zu sein.

Die Bevölkerungsentwicklung in den letzten 150 Jahren:

1850: ? % Slowaken, 39,71 % Ungarn, ? % Deutsche

1880: 42 % Slowaken, 41 % Ungarn, 17 % Deutsche.

1900: 23 % Slowaken, 67 % Ungarn, 9 % Deutsche

1910: ? % Slowaken, 75,4 % Ungarn, ? % Deutsche

1930: 60,2 % Slowaken/Tschechen, 16,4 % Ungarn, 4,7 % Deutsche, 8,1 % Juden

1950: 95 % Slowaken/Tschechen, ? % Ungarn, ? % Deutsche, 0 % Juden

1970: 95 % Slowaken/Tschechen, 3,9 % Ungarn, ? % Deutsche

## Sehenswürdigkeiten

Das Stadtzentrum und die meisten historischen Gebäude sind an oder um der Hauptstraße (*Hlavná ulica*) gelegen. In der Stadt befindet sich das größte denkmalgeschützte Stadtgebiet der Slowakei.[16] Die Dominante der Stadt ist zweifellos der aus dem 15. Jahrhundert stammende Elisabeth-Dom, die größte Kirche der Slowakei. Die Henkersbastei und Mühlbastei sind die Reste der ehemaligen Stadtbefestigung. Andere historische Sehenswürdigkeiten sind die Michaels-Kapelle, der Urban-Turm, das alte Rathaus und das Bischofspalais. Es gibt auch einen Stadtpark zwischen der Hauptstraße und dem Bahnhof und einen Zoo im Stadtteil Kavečany

Blick auf den Elisabeth-Dom

## Kultur

Musikbrunnen am Staatstheater

## Darstellende Kunst

Es gibt einige Theater in Košice. Das Staatstheater Košice (*Štátne divadlo Košice*) wurde im Jahr 1945 gegründet, unter dem Namen Ostslowakisches Theater. Er besteht aus drei Ensembles: Drama, Oper und Ballet. Sein stattliches Gebäude in prominenter Lage stammt von 1899 und ist ein Werk des Siebenbürgener Architekten Adolf Lang, der vor allem in Ungarn, aber auch in den Niederlanden tätig war. Andere Theater sind das Marionettentheater (*Bábkové divadlo*) und das Altstadt-Theater (*Staromestské divadlo*). Aufgrund der Präsenz der ungarischen Roma-Minderheiten auch das ungarische *Thália* und das erste professionell betriebene Romatheater (Theater Romathan) haben seinen Sitz hier. Von überregionaler Bedeutung ist auch das Staatliche Philharmonische Orchester Košice (*Štátna filharmónia Košice*, SFK) mit Sitz im Haus der Künste (Dom umenia), welches sich durch eine herausragende Akustik auszeichnet. Konzertreisen haben das Orchester in viele Länder der Welt geführt, Chefdirigent ist der aus Tschechien stammende Zbyněk Müller.

Das Staatstheater

## Museen, Galerien

Das Ostslowakische Museum (*Východoslovenské múzeum*) ist das älteste Museum der Stadt, das wurde im Jahr 1872 als Oberungarisches Museum (*Felsőmagyarországi Múzeum*) gegründet. Es umfasst neun Expositionen in der Stadt, einschließlich der Geschichte der Stadt auch dem Denkmal von Franz II. Rákóczi. Das im Jahr 1947 gegründete Slowakische Technische Museum (*Slovenské technické múzeum*) umfasst ein Planetarium und ist das einzige Museum in der Slowakei, das sich mit der Geschichte der Wissenschaft und Technologie befasst. Die Ostslowakische Galerie wurde 1951 als die erste regionale Galerie gegründet und ist auf die Kunst der heutigen Ostslowakei spezialisiert.

## Sport

Der Košice-Marathon wird seit 1924 mit wenigen Unterbrechungen durchgeführt und ist damit der älteste Marathonlauf Europas und nach dem Boston-Marathon der zweitälteste der Welt. Er wird jährlich am ersten Oktobersonntag durchgeführt.

Der Fußballverein MFK Košice spielt in der höchsten slowakischen Liga, der Corgoň liga. Andere historisch bedeutende Fußballvereine sind 1. FC Košice, der erste slowakische Teilnehmer der UEFA Champions League und Lokomotíva Košice. Der Eishockeyklub HC Košice nimmt an der slowakischen Extraliga teil und ist ein vierfacher slowakischer Meister. Er trägt seine Heimspiele in der Steel Aréna (Kapazität 8.340) aus. Ein anderer Verein in der Stadt ist der Basketballklub Maxima Broker Košice.

## Politik und Verwaltung

Die Stadt ist Sitz einen der acht Landschaftsverbände der Slowakei, den Košický kraj mit etwa 766.000 Einwohnern. Das Verfassungsgericht (*Ústavný súd Slovenskej republiky*) hat seinen Sitz in Košice und auch eine der Expposituren der Nationalbank der Slowakei hat ihren Platz hier. Außerdem befinden sich hier das Konsulat Ungarns.

Die 22 Stadtteile von Košice

Die Struktur der Stadtverwaltung besteht aus dem Oberbürgermeister (*primátor*), der Stadtvertretung (*mestské zastupiteľstvo*), dem Stadtrat (*mestská rada*), den Kommissionen der Stadtvertretung (*Komisie mestského zastupiteľstva*) und dem Magistrat (*Magistrát*). Der Oberbürgermeister wird alle vier Jahre für eine vierjährige Amtszeit gewählt. Amtierender Oberbürgermeister ist Richard Raši, der im November 2010 als Kandidat der Linkspartei SMER mit Unterstützung von Most-Híd gewählt wurde.[17]

Die Stadt unterteilt sich in 4 Stadtbezirke mit 22 Stadtteilen:

1. Košice I mit den Stadtteilen Džungľa, Kavečany, Sever, Sídlisko Ťahanovce, Staré Mesto und Ťahanovce
2. Košice II mit den Stadtteilen Lorinčík, Luník IX, Myslava, Pereš, Poľov, Sídlisko KVP, Šaca und Západ
3. Košice III mit den Stadtteilen Dargovských hrdinov und Košická Nová Ves
4. Košice IV mit den Stadtteilen Barca, Juh, Krásna, Nad jazerom, Šebastovce und Vyšné Opátske

Neben dieser Einteilung wird die Stadt in 29 Katastralgemeinden (*katastrálne územia*) unterteilt. In dieser Einteilung sind fünf der oben genannten Stadtteile weiter geteilt:[18]

1. Sever - in Severné Mesto, Kamenné und Čermeľ
2. Staré Mesto - in Letná, Huštáky und Stredné Mesto
3. Šaca - in Šaca und Železiarne
4. Juh - in Skladná und Južné Mesto
5. Vyšné Opátske - in Vyšné Opátske und Nižná Úvrať

Des Weiteren tragen einige Stadtteile einen anderen Namen als Katastralgemeinde:

1. Džungľa als Brody
2. Sídlisko Ťahanovce als Nové Ťahanovce
3. Luník IX als Luník
4. Sídlisko KVP als Grunt
5. Západ als Terasa
6. Dargovských hrdinov als Furča
7. Nad jazerom als Jazero

## Symbole

Die Symbole Košices sind das Wappen und die Flagge. Das Wappen ist seit 1369 in Gebrauch, als König Ludwig der Große der Stadt das Recht gewährte, ein eigenes Wappen zu führen. Das erste Wappen zeigte nur rot-weiße Streifen und drei Lilien im Hintergrund. Die heutige Form ist seit 1502 in Gebrauch.

Heutiges Wappen mit historischen Varianten

Die Flagge besteht aus zwei gleich breiten, waagerechten Streifen, der obere ist gelb, der untere ist blau, mit dem Wappen in der Mitte.

## Partnerstädte

Die Stadt Košice unterhält mit folgenden Städten eine Städtepartnerschaft:

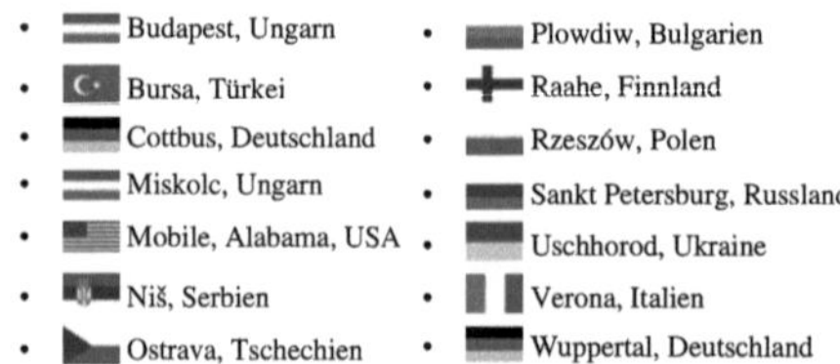

- Budapest, Ungarn
- Bursa, Türkei
- Cottbus, Deutschland
- Miskolc, Ungarn
- Mobile, Alabama, USA
- Niš, Serbien
- Ostrava, Tschechien
- Plowdiw, Bulgarien
- Raahe, Finnland
- Rzeszów, Polen
- Sankt Petersburg, Russland
- Uschhorod, Ukraine
- Verona, Italien
- Wuppertal, Deutschland

# Wirtschaft

Košice ist das wirtschaftliche Zentrum der Ostslowakei. Die Stadt erwirtschaftet rund 9 % des slowakischen Bruttoinlandsprodukts (2005). Der größte Arbeitgeber der Stadt sind die Stahlwerke U. S. Steel Košice mit rund 15.000 Beschäftigten. Weitere wichtige Zweige sind Maschinenbau, Lebensmittelindustrie, Dienstleistungen und Handel.[19]

# Bildung

Košice ist nach Bratislava die bedeutendste Universitätsstadt in der Slowakei mit mehreren Hochschulen mit zum Teil internationalem Ruf: die Pavol-Jozef-Šafárik-Universität Košice (7.868 Studenten), die Technische Universität Košice (15.321 Studenten), die Veterinärmedizinische Universität Košice (1.459 Studenten), die Theologische Fakultät der Katholischen Universität Ružomberok, die Fakultät für Betriebswirtschaft der Wirtschaftsuniversität Bratislava sowie die private Hochschule für Sicherheitsmanagement in Košice (2.066 Studenten).

Es gibt 38 öffentliche, sechs private und drei konfessionelle Grundschulen mit insgesamt 20.158 Schülern. Das System der weiterführenden Schulen in der Stadt umfasst 20 Gymnasien mit 7.692 Studenten, 37 spezialisierenden weiterführenden Schulen mit 8.812 Studenten und 27 Berufsschulen mit 6.616 Studenten (Stand 2007).[20]

# Verkehr

## Straße

Anschlussstelle Prešovská-Sečovská östlich des Stadtzentrums

Košice liegt an der Europastraße 50, die aus Frankreich kommend durch die Ukraine ins russische Machatschkala (Dagestan) führt. Ferner endet in Košice die aus Richtung Split/Zagreb/Budapest kommende Europastraße 71. Eine direkte Autobahnverbindung Richtung Bratislava und Prag, die Autobahn D1, befindet sich im Bau bzw. ist teilweise fertiggestellt. Es ist geplant, diese über Michalovce bis zum slowakisch-ukrainischen Grenzübergang Vyšné Nemecké - Uschhorod fortzuführen.

## Eisenbahn

Der Bahnhof Košice ist Endpunkt mehrerer EuroCity-, InterCity- und Expresszugverbindungen. Es bestehen unter anderem Direktverbindungen nach Wien (über Bratislava), Prag (teils als Autoreisezug), Budapest, Kiew, Lwiw, Krakau (Kraków), Cheb und Dresden.

Nahe Košice, in Haniska, endet die Breitspurstrecke Uschhorod–Košice, eine einspurige Eisenbahnlinie in russischer Breitspur (1520 mm) vom Grenzort Maťovské Vojkovce her. Am 7. Mai 2007 unterzeichneten die russische Eisenbahngesellschaft RŽD und das slowakische Ministerium für Verkehr, Post und Telekommunikation eine Absichtserklärung, die u.a. die Verlängerung dieser Strecke bis Bratislava vorsieht[21].

## Flugverkehr

Flughafen Košice

Der internationale Flughafen Košice wurde 2006 privatisiert, wobei der neue Mehrheitseigentümer der Flughafen Wien-Schwechat wurde. Er befindet sich sechs Kilometer südlich der Stadt und bietet Linienflüge nach Bratislava, Prag und Wien.

## Öffentlicher Personennahverkehr

Der ÖPNV wird durch die städtische Verkehrsgesellschaft Dopravný podnik mesta Košice (DPMK) betrieben. Das System ist der älteste in der heutigen Slowakei, als 1891 die erste (anfangs Pferde-)Straßenbahn eröffnet wurde. Sie wurde 1914 elektrifiziert. Das heutige Liniennetz besteht aus 40 Buslinien, zwei Obuslinien und 15 Straßenbahnlinien. Den Nachtverkehr übernehmen vier Buslinien.[22]

## Persönlichkeiten

→ *Hauptartikel: Liste von Persönlichkeiten der Stadt Košice*

## Siehe auch

- Liste der Städte in der Slowakei

## Literatur

- Michael Okroy: *Am Beispiel Kaschau,* in Kafka. Zeitschrift für Mitteleuropa. Hg. Goethe-Institut. #14, 2004, ISSN 1619-0793 [23] S. 58 - 66[24]

## Weblinks

- Website der Stadt in slowakischer und englischer Sprache [25]

## Einzelnachweise


[1] http://toolserver.org/~geohack/geohack.php?pagename=Ko%C5%A1ice&language=de¶ms=48.7202777778_N_21.2558333333_E_dim:10000_region:SK-KI_type:city(233886)

[2] http://www.kosice.sk/

[3] http://portal.gov.sk/Portal/sk/Default.aspx?CatID=109&cityID=599981

[4] http://app.statistics.sk/mosmis/eng/zaklad.jsp?txtUroven=000000&lstObec=599981

[5] Statistisches Amt der Slowakei - Okresy (http://portal.statistics.sk/showdoc.do?docid=4476)

[6] http://worldweather.wmo.int/011/c01228.htm

[7] Ein Artikel über die Geschichte der Košice (slowakisch) (http://www.inzine.sk/article.asp?art=9199)

[8] Dietrich Blandow, Michael J. Dyrenfurth (Hrsg.): *Technology education in school and industry. emerging didactics for human resource development.* Verlag Springer, Berlin 1994, ISBN 3-540-58250-9, S. 6.

[9] Geschichte der Stadt Košice auf der offiziellen Seite - 18. Jahrhundert (slowakisch) (http://www.kosice.sk/clanok.asp?file=history_z_hist_18_stor.htm)

[10] Historische demografische Daten (http://populstat.info/Europe/slovakit.htm) – populstat.info

[11] Daten auf statistics.sk (http://www.statistics.sk/mosmis/eng/prvav2.jsp?txtUroven=000000&lstObec=599981&Okruh=sodb)

[12] Statistisches Amt der Slowakei - Okresy (Stand 31. Dezember 2007) (http://portal.statistics.sk/showdoc.do?docid=4476)

[13] Zusammenfassung Volkszählung 2001 (http://www.statistics.sk/) – Statistisches Amt der Slowakischen Republik

[14] Volkszählung 2001: Ständige Wohnbevölkerung nach Ethnie (http://web.archive.org/web/20061129153653/http://www.statistics.sk/webdata/english/census2001/tab/tab3a.htm) – Statistisches Amt der Slowakischen Republik

[15] Ständige Wohnbevölkerung nach Religion (http://web.archive.org/web/20061129153406/http://www.statistics.sk/webdata/english/census2001/tab/tab4a.htm) – Statistisches Amt der Slowakischen Republik

[16] Touristische Informationen zur Košice auf slovakia.travel (http://www.slovakia.travel/entitaview.aspx?l=3&idp=3640)

[17] VOTE: Bratislava changes its political orientation after two decades, official results confirm (http://spectator.sme.sk/articles/view/40917/2/vote_bratislava_changes_its_political_orientation_after_two_decades_official_results_confirm.html), The Slovak Spectator, abgerufen am 29. November 2010

[18] *Úrad geodézie, kartografie a katastra SR* (Geodäsie-, Kartographie- und Katastralamt der Slowakischen Republik), abgerufen am 30. Mai 2011 (http://www.skgeodesy.sk/index.php?www=sp_file&id_item=1488)

[19] UrbanAudit - Košice (englisch) (http://www.urbanaudit.org/CityProfiles.aspx)

[20] Základné školy k 15. 9. 2007 (http://web.archive.org/web/20080227082059/http://www.uips.sk/statis/pdf/ZS_P8.PDF), Košický kraj Gymnáziá k 15.9. 2007 (http://web.archive.org/web/20080227082105/http://www.uips.sk/statis/pdf/GYM_P8.PDF), Košický kraj Stredné odborné školy k 15.9. 2007 (http://web.archive.org/web/20080227082051/http://www.uips.sk/statis/pdf/SOS_P8.PDF), Košický kraj (http://web.archive.org/web/20080227082121/http://www.uips.sk/statis/pdf/ZSS_P8.PDF), Košický kraj Stredné odborné učilištia k 30. 9. 2007 (http://web.archive.org/web/20080227082128/http://www.uips.sk/statis/pdf/SOU_P8.PDF): Daten von Ústav informácii a prognóz školstva (Institut der Informationen und Prognosen des Schulwesens)

[21] http://www.eng.rzd.ru/news.html?action=view&nav_id=15&ti_id=2414

[22] MHD Košice (http://www.imhd.sk/ke/) – *(siehe unter „Mapy a trasy" > „Trasy liniek")*

[23] http://dispatch.opac.d-nb.de/DB=1.1/CMD?ACT=SRCHA&IKT=8&TRM=1619-0793

[24] über Kosice als zentralen Verschiebebahnhof von Deportationszügen zur Shoah

[25] http://www.kosice.sk

# Hornád

| Hornád/Hernád | |
|---|---|
| Daten | |
| Lage | Slowakei, Ungarn |
| Flusssystem | Donau |
| Quelle | Niedere Tatra |
| Mündung | Sajó bei Muhi<br>Koordinaten: 47° 59′ 25″ N, 20° 55′ 49″ O [1]<br>47° 59′ 25″ N, 20° 55′ 49″ O [1] |
| Länge | 286 km |
| Rechte Nebenflüsse | Hnilec |
| Linke Nebenflüsse | Svinka, Torysa, Olšava |
| Großstädte | Košice |
| Mittelstädte | Krompachy, Spišská Nová Ves |

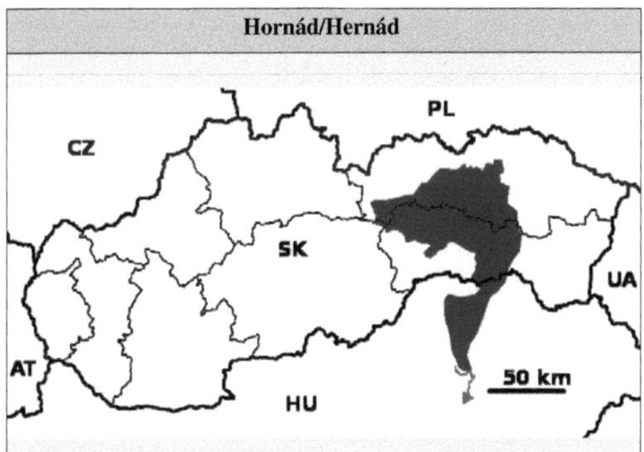


Der Verlauf und das Einzugsgebiet in der Slowakei und Ungarn

Der **Hornád** (ungarisch **Hernád**, deutsch selten *Kundert*) ist ein 286 km langer Fluss in der Ostslowakei und im nordöstlichen Ungarn. 195 Kilometer Flusslänge verlaufen auf slowakischem Territorium.

Er ist der viertgrößte Fluss der Slowakei und wegen seines malerischen Oberlaufs im Slowakischen Paradies eine beliebte Urlaubsregion. In den Bergen südlich seines Verlaufs werden seit dem Mittelalter verschiedene Erzlagerstätten ausgebeutet, die der Mittelslowakei früher zu gewissem Wohlstand verholfen haben.

# Flusslauf

Der Fluss entspringt zwischen der Niederen Tatra und den Ausläufern des Slowakischen Erzgebirges, etwa 20 km südwestlich von Poprad.

Auf seinem teilweise gewundenen Lauf tangiert der Hornád die kulturhistorisch bekannte Landschaft Zips (siehe Karpatendeutsche und Meister Paul von Leutschau) und fließt durch die Stadt Spišská Nová Ves. Im Gegensatz zu den anderen großen Flüssen des Landes wie die Waag oder Hron fließt der Hornad ostwärts, sodass er mit der Waag eine die Slowakei teilende Ost-West-Achse bildet. Diese typische Parallelstruktur von großen Tälern ist für alpidische Gebirge typisch und findet sich - praktisch spiegelverkehrt - auch in den großen Längstälern Österreichs.

Die Ursache dieses Talverlaufs ist großteils in geologischen Störungslinien begründet, die nach dem Schweizer Geophysiker A.E. Scheidegger mit den großräumigen Kluftsystemen der verschiedenen orogenen Phasen der Erdgeschichte zusammenhängen. Sie machen die Landschaft des Hornad-Oberlaufs äußerst abwechslungsreich, die deshalb auch Slowakisches Paradies genannt wird.

Nach einem Drittel des Flussverlaufs nimmt der Hornad den Fluss Hnilec auf und bildet dort - zwischen 1200 Meter hohen Bergketten - einen etwa 20 km langen Stausee. Danach tritt der vereinigte Fluss aus dem Slowakischen Erzgebirge in eine breite Ebene aus, die inzwischen vom Industriegebiet der ostslowakischen Großstadt Košice eingenommen wird. Die Stadt mit ihrer berühmten frühgotischen St. Elisabeth-Dom liegt hoch über dem Fluss auf einer Talschulter, und etwas südlicher der schon um 1200 gegründete Ort Krásna nad Hornádom .

Bei Košice wendet sich das Tal nach Süden und erreicht nahe der ungarischen Grenze einen trichterförmigen Ausläufer der Großen Ungarischen Tiefebene, die er auf ungarischem Staatsgebiet weitere 100 km durchläuft. Östlich der Universitätsstadt Miskolc vereinigt sich der nun *Hernád* benannte Fluss mit dem etwa gleichgroßen Sajó, um 10 km weiter seine wasserreiche Flut in die Theiß zu ergießen. Vom riesigen Einzugsgebiet dieses größten Nebenflusses der Donau (160.000 km², fast 2-mal Ungarn) entfallen auf Hornad und Sajó knapp 10 Prozent.

In Mitteleuropa gibt es nur wenige Flüsse, die an Vielfalt der Landschaft und durchquerten Geologie dem Hornád nahekommen. Dennoch ist seine Region touristisch noch weitgehend unerschlossen - im Gegensatz zu den Tälern und Städten seiner westlichen "großen Schwester", der Waag.

# Kernkraftwerk Kecerovce

Für das in den 1980er geplante Kernkraftwerk in Kecerovce war es geplant, mehrere Staustufen am Hornád zu errichten, um eine neue Verbindung zum Torysa zu schaffen. Hierdurch sollte ermöglicht werden, den Wasserbedarf für vier 1000 MW-Reaktoren zu decken. Die Verbindung sollte durch Staustufen bei Ružín und Kysak geschaffen werden, sowie eine Staustufe bei Drienov am Torysa.[2]

# Quellen


- Istituto Geografico de Agostini, *Großer Weltatlas*, München/Novara 1985
- *Brockhaus, Allbuch in 5 Bänden und einem Atlas*, Band 2, 5 und 6, Wiesbaden 1958-1960
- *Hydrologie der Donau (4-sprachig)*, 270 p., Publ.Prihoda, Bratislava 1988.

## Siehe auch

- Liste der Flüsse in der Slowakei

## Weblinks

- Kartenskizze vom Stausee bei Gelnica bis zur ungarischen Grenze [3]
- Info-Seite des Košický samosprávny kraj, Kaschau 2006 [4] (PDF-Datei; 10,54 MB)

## Einzelnachweise

[1] http://toolserver.org/~geohack/geohack.php?pagename=Horn%C3%A1d&language=de¶ms=47.9904_N_20.9303_E_dim:1000_region:HU_type:waterbody&title=M%C3%BCndung+Horn%C3%A1d%2FHern%C3%A1d

[2] United States. Dept. of Energy. Technical Information Center: *Energy research abstracts, Band 12,Ausgaben 19890-22082*. Technical Information Center, U. S. Dept. of Energy, 1987. Seite 2821.

[3] http://www.cassovia.sk/okolie/image.php3

[4] http://www.kosice-region.sk/NR/rdonlyres/55DDCD78-1269-41BE-B1C5-69F43BA3E659/0/investicieDEkomplet.pdf

# Slanské_vrchy

Koordinaten: 48° 45′ N, 21° 30′ O [1]

**Slanské vrchy** (früher auch *Prešovské hory*; deutsch *Eperieser/Sovarer Gebirge*, ungarisch *Szalánci-hegység*) ist ein Gebirgszug in der Ostslowakei und hat seinen Namen vom im südlichen Teil gelegenen Ort Slanec.

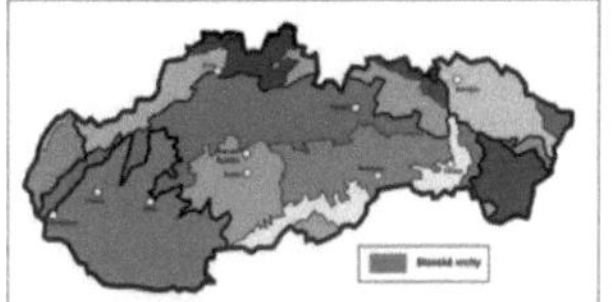

Slanské vrchy innerhalb der Geomorphologischen Einteilung der Slowakei

Das zirka 50 Kilometer lange und 16 Kilometer breite Gebiet erstreckt sich südöstlich der Stadt Prešov zwischen dem Kaschauer Becken (Košická kotlina) und der Ostslowakischen Tiefebene in Nord-Süd-Richtung und wird von den Flüssen Topľa und Olšava/Torysa flankiert. Der Gebirge ist durchschnittlich 800-1000 Meter hoch (höchste Erhebung Šimonka mit 1092 Metern), bewaldet, besitzt einige Mineralquellen und verschiedene Bodenschätze wie Gold, Silber, Antimon oder die berühmten Opale von Dubník.

Blick über Milhosť nahe der slowakisch-ungarischen Grenze auf den Süden des Slanské vrchy

Einige Pässe durch das Gebirge sind z. B. der Herľany-Pass und der Dargovpass.

## Siehe auch

- Tokajer Gebirge
- Nördliches Ungarisches Mittelgebirge (Mátra-Slanec-Gebiet)

## Weblinks

- http://www.cassovia.sk/obce/slanske_vrchy/
- http://www.slanskevrchy.sk/

## References

[1] http://toolserver.org/~geohack/geohack.php?pagename=Slansk%C3%A9_vrchy&language=de¶ms=48.75_N_21.5_E_region:SK_type:mountain(1092)

# Sečovce

| Sečovce | |
|---|---|
| Wappen | Karte |
| | |
| **Basisdaten** | |
| Kraj: | Košický kraj |
| Okres: | Trebišov |
| Region: | Dolný Zemplín |
| Fläche: | 32.658 km² |
| Einwohner: | 8304 *(31. Dec 2010)* |
| Bevölkerungsdichte: | 254.27 Einwohner je km² |
| Höhe: | 149 m n.m. |
| Postleitzahl: | 078 01 |
| Telefonvorwahl: | 0 56 |
| Geographische Lage: | 48° 42′ N, 21° 39′ O [1]Koordinaten: 48° 42′ 4″ N, 21° 39′ 25″ O [1] |
| Kfz-Kennzeichen: | TV |
| Gemeindekennziffer: | 528722 |
| **Struktur** | |
| Gemeindeart: | Stadt |
| Gliederung Stadtgebiet: | 2 Stadtteile |
| **Verwaltung** *(Stand: Januar 2011)* | |
| Bürgermeister: | Jozef Gamrát |

| Adresse: | Mestský úrad Sečovce<br>Námestie Sv. Cyrila a Metoda 43/27<br>07801 Sečovce |
|---|---|
| Webpräsenz: | www.secovce.sk [2] |
| Gemeindeinformation auf **portal.gov.sk** [3] | Statistikinformation auf **statistics.sk** [4] |

**Sečovce** (ungarisch *Gálszécs*) ist eine Stadt in der südöstlichen Slowakei.

Das Rathaus von Sečovce

Sie wurde 1255 zum ersten Mal erwähnt und besteht aus den Gemeindeteilen Albínov und Sečovce sowie dem nicht mehr als eigenständige Gemeinde auftretenden Ort Kochanovce (1948 eingemeindet).

## Siehe auch

- Liste der Städte in der Slowakei

# Weblinks

- http://www.sirava.sk/mesto/Secovce/index.php

# References

[1] http://toolserver.org/~geohack/geohack.php?pagename=Se%C4%8Dovce&language=de¶ms=48.7011111111_N_21.6569444444_E_dim:10000_region:SK-KI_type:city(8304)
[2] http://www.secovce.sk/
[3] http://portal.gov.sk/Portal/sk/Default.aspx?CatID=109&cityID=528722
[4] http://app.statistics.sk/mosmis/eng/zaklad.jsp?txtUroven=000000&lstObec=528722

# Dargovpass

| Dargovský priesmyk | | |
|---|---|---|
| 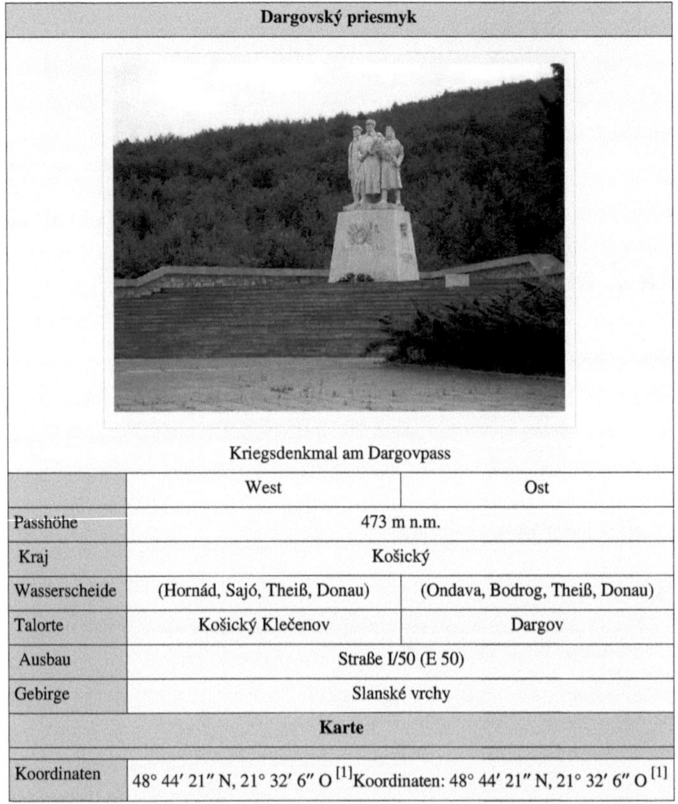<br>Kriegsdenkmal am Dargovpass | | |
| | West | Ost |
| Passhöhe | 473 m n.m. | |
| Kraj | Košický | |
| Wasserscheide | (Hornád, Sajó, Theiß, Donau) | (Ondava, Bodrog, Theiß, Donau) |
| Talorte | Košický Klečenov | Dargov |
| Ausbau | Straße I/50 (E 50) | |
| Gebirge | Slanské vrchy | |
| **Karte** | | |
| Koordinaten | 48° 44′ 21″ N, 21° 32′ 6″ O [1]Koordinaten: 48° 44′ 21″ N, 21° 32′ 6″ O [1] | |

Der **Dargovpass** (slowakisch *Dargovský priesmyk*) ist ein niedriger Gebirgspass (473 m n.m.) in der Slanské vrchy im Osten der Slowakei. Er trennt den Kaschauer Kessel vom Ostslowakischen Tiefland und liegt zwischen den Ortschaften Košický Klečenov auf der Westseite und namensgebenden Dargov auf der Ostseite.

Der Pass ist in der Slowakei insbesondere durch Frontkämpfe im Zweiten Weltkrieg berühmt geworden, wo die Rote Armee gegen die Wehrmacht im Ende 1944 und Januar 1945 kämpfte. Am 18. Januar 1945 gelangte es der Roten Armee, die deutsche Schutzlinie zu durchbrechen und den Weg nach Košice frei machen, nachdem die Rote Armee mehr als 20.000 Soldaten in der Schlacht verlor.[2] [3] Heute es gibt ein Kriegsdenkmal auf dem Pass. Der Schlacht gewidmete Ruhmeshalle ist momentan nicht zugänglich.

Durch den Pass verläuft die Fernstraße I/50 (Teil der Europastraßen 50 und 58), die hier Košice mit der ukrainischen Grenze bei Uschhorod verbindet. Außerdem verläuft hier der Fernwanderweg E3.

## Einzelnachweise


[1] http://toolserver.org/~geohack/geohack.php?pagename=Dargovpass&language=de¶ms=48.739071_N_21.53509_E_dim:10000_region:SK-KI_type:mountain(473)&title=Dargovsk%C3%BD+priesmyk

[2] http://travel.spectator.sme.sk/articles/1821/the_mother_of_all_battles

[3] http://www.kosickyklecenov.ocu.sk/index.php?ids=5


# Europastraße_50

| Basisdaten | |
|---|---|
| **Länder** | • Frankreich<br>• Deutschland<br>• Tschechien<br>• Slowakei<br>• Ukraine<br>• Russland |

Karte

Die **Europastraße 50** (kurz: **E 50**) ist eine vom Atlantik im Westen zum Kaspischen Meer im Osten verlaufende, etwa 6.000 Kilometer lange Europastraße. Sie führt von Brest in Frankreich durch Deutschland, Tschechien, die Slowakei und die Ukraine bis Machatschkala in der russischen Teilrepublik Dagestan.

Die E 50 an der tschechischen Autobahn Dálnice 1 zwischen Prag und Jihlava

Die E 50 an der slowakischen Hauptstraße 18 zwischen Žilina und Martin

# Nationale Straßen

**Frankreich**

RN12

RN157

Autoroute A81

Autoroute A11

Autoroute A10

RN104

Autoroute A4

Autoroute A320

**Deutschland**

Bundesautobahn 6

**Tschechien**

Dálnice 5

Dálnice 1

Hauptstraße 50

**Slowakei**

Hauptstraße 50

Autobahn D1 (mehrmals)

Hauptstraße 61

Hauptstraße 18

Hauptstraße 50

**Ukraine**

M 06

M 12

M 04

# Orte an der E 50

- Brest - Morlaix - Saint-Brieuc - Rennes - Laval - Le Mans - Chartres - Paris - Reims - Châlons-sur-Marne - Verdun - Metz - Saarbrücken - Kaiserslautern - Ludwigshafen - Mannheim - Heilbronn - Feuchtwangen - Ansbach - Nürnberg - Amberg - Waidhaus - Pilsen - Prag - Humpolec - Jihlava - Brünn - Trenčín - Žilina - Ružomberok - Poprad - Prešov - Košice - Uschhorod - Mukatschewe - Stryj - Ternopil - Winnyzja - Nemyriw - Uman - Kirowohrad - Dnipropetrowsk - Donezk - Debalzewe - Rostow am Don - Armawir - Machatschkala

## Siehe auch

- Liste der Europastraßen

# Vranov_nad_Topľou

| Vranov nad Topľou | |
|---|---|
| Wappen | Karte |
| | |
| **Basisdaten** | |
| Kraj: | Prešovský kraj |
| Okres: | Vranov nad Topľou |
| Region: | Horný Zemplín |
| Fläche: | 34.347 km² |
| Einwohner: | 23069 *(31. Dec 2010)* |
| Bevölkerungsdichte: | 671.65 Einwohner je km² |
| Höhe: | 132 m n.m. |
| Postleitzahl: | 093 01 |
| Telefonvorwahl: | 0 57 |
| Geographische Lage: | 48° 53′ N, 21° 41′ O [1]Koordinaten: 48° 53′ 15″ N, 21° 41′ 6″ O [1] |
| Kfz-Kennzeichen: | VT |
| Gemeindekennziffer: | 544051 |
| **Struktur** | |
| Gemeindeart: | Stadt |
| Gliederung Stadtgebiet: | 2 Stadtteile |
| **Verwaltung** *(Stand: Januar 2011)* | |
| Bürgermeister: | Ján Ragan |
| Adresse: | Mestský úrad Vranov nad Topľou<br>Ulica Dr. Daxnera 87<br>09316 Vranov nad Topľou |
| Webpräsenz: | www.vranov.sk [2] |
| Gemeindeinformation auf **portal.gov.sk** [3] | Statistikinformation auf **statistics.sk** [4] |

**Vranov nad Topľou** (vor 1927 sowie von 1944 bis 1969 *Vranov*; deutsch *Frö(h)nel/Vronau an der Töpl*, ungarisch *Varannó*) ist eine Stadt in der Ostslowakei.

## Geographie

Vranov liegt in der Nähe von Kaschau (*Košice*) und Preschau (*Prešov*) im nordwestlichen Ausläufer der Ostslowakischen Tiefebene im oberen Teil des Semplin zwischen den Flüssen Töpl (*Topľa*) und Ondau (*Ondava*). Es gliedert sich in die eigentliche Stadt Vranov sowie den Ort *Čemerné* (1970 eingemeindet).

Blick in die Innenstadt

## Geschichte

### Mittelalter

Der Ort wurde 1270 erstmals in einer Stiftungsurkunde des ungarischen Königs Stephan V. erwähnt. Die mittelalterliche Siedlung Vranov war ein Bestandteil der Burgherrschaft Čičva in Besitz des Adeligen Rainold. Begünstigt durch die Lage am Handelsweg nach Eperies wurde die Stadt zum einem Marktflecken, wo sich neben dem Handel auch das Handwerk entwickelte. In einer Urkunde des Königs Sigismund von 1410 wird der Ort als Stadt beschrieben. An der Spitze der städtische Selbstverwaltung standen ein Schultheiß und Geschworene. König Matthias erteilte der Stadt 1461 mehrere Privilegien: das Maut- und Lagerrecht, sowie das Jahrmarktrecht. Die ersten Zünfte entstanden hier im 16. Jahrhundert. Die Schuhmacherzunft gehört zu den ältesten des Semplin. In dieser Zeit wurde in der Stadt ein humanistisches Gymnasium errichtet.

### Neuzeit

Der Bauernaufstand von 1831 wurde hier niedergeschlagen. In der zweiten Hälfte des 19. Jahrhunderts wurde Vranov zum Kreissitz mit 44 Gemeinden. Um die Jahrhundertwende kommt es hier zu einer großen Auswanderungswelle und die Stadt wird 1903 an das Eisenbahnnetz angeschlossen, elektrische Beleuchtung und Telefon (1906) eingeführt.

### Stadtwappen

Das Stadtwappen ist die Darstellung eines Löwen mit einem Säbel. Das ursprüngliche Stempelsiegel stellte die Figur des Heiligen Stephan dar. Das heraldische Wappen in heutiger Ausführung begann die Stadt seit 1622 zu verwenden.

## Sehenswürdigkeiten

Die Stadt hat eine spätgotische römisch-katholische Kirche Mariä Geburt (1580, umgebaut 1578 und 1718), ein barockes Pauliner-Kloster (1718), eine neugotische Evangelische Kirche (1930-1935), eine Reformierte Kirche (1910), eine Synagoge (1923) und ein klassizistisches Herrenhaus.

### Čemerné

Die griechisch-katholische Kirche Mariä Himmelfahrt wurde von 1905 bis 1910 im ungarischen sezessionistischen Baustil nach Entwürfen des Architekten E. Lechner erbaut.

## Wirtschaft

Vranov liegt in der Tourismusregion Horný Zemplín und ist Ausgangspunkt in mehrere touristische Orte der Umgebung, vor allem ins Erholungsgebiet Domaša und in die Slanskeher Bergkette.

## Verkehr

Der Bahnhof liegt an der Bahnstrecke Strážske–Prešov. Durch den Ort verlaufen die Strassen I/18 und I/15.

## Söhne und Töchter der Stadt

- Ján Figeľ (* 1960), erster slowakischer EU-Kommissar
- Marcel Matanin (* 1973), slowakischer Langstreckenläufer
- Mária Zubková (* 1984), Fußballspielerin

## References


[1] http://toolserver.org/~geohack/geohack.php?pagename=Vranov_nad_Top%C4%BEou&language=de¶ms=48.8875_N_21.685_E_dim:10000_region:SK-PV_type:city(23069)
[2] http://www.vranov.sk/
[3] http://portal.gov.sk/Portal/sk/Default.aspx?CatID=109&cityID=544051
[4] http://app.statistics.sk/mosmis/eng/zaklad.jsp?txtUroven=000000&lstObec=544051


# Michalovce

| Michalovce | |
|---|---|
| Wappen | Karte |
| | CZ PL UA HU AT HU |
| Basisdaten | |
| Kraj: | Košický kraj |
| Okres: | Michalovce |
| Region: | Dolný Zemplín |
| Fläche: | 52.807 km² |
| Einwohner: | 39322 *(31. Dec 2010)* |
| Bevölkerungsdichte: | 744.64 Einwohner je km² |
| Höhe: | 115 m n.m. |
| Postleitzahl: | 071 01 |
| Telefonvorwahl: | 0 55 |
| Geographische Lage: | 48° 45′ N, 21° 55′ O [1]Koordinaten: 48° 45′ 27″ N, 21° 55′ 6″ O [1] |

| Kfz-Kennzeichen: | MI |
|---|---|
| Gemeindekennziffer: | 522279 |
| **Struktur** | |
| Gemeindeart: | Stadt |
| Gliederung Stadtgebiet: | 8 Stadtteile in 5 Katastergebieten |
| **Verwaltung** *(Stand: Januar 2011)* | |
| Bürgermeister: | Viliam Záhorčák |
| Adresse: | Mestský úrad Michalovce<br>Námestie osloboditeľov 30<br>07101 Michalovce |
| Webpräsenz: | www.michalovce.sk [2] |
| Gemeindeinformation auf **portal.gov.sk** [3] | Statistikinformation auf **statistics.sk** [4] |

**Michalovce** (bis 1927 slowakisch „Michaľovce"; deutsch *Großmichel*, ungarisch *Nagymihály*) ist eine Stadt im äußersten Osten der Slowakei, nahe der Grenze zur Ukraine.

Blick auf die Innenstadt

Sie hat rund 40.000 Einwohner und ist die Hauptstadt des Okres Michalovce.

## Geschichte

Sie wurde 1244 zum ersten Mal schriftlich erwähnt. Bis 1918 gehörte die Stadt zum Königreich Ungarn und kam dann zur neu entstandenen Tschechoslowakei.

## Lage

Die Stadt liegt am Fluss Laborec im Norden der Ostslowakischen Tiefebene etwa 50 Kilometer östlich von Košice, dem Zentrum der Ostslowakei. Verwaltungstechnisch gehört Michalovce zum Košický kraj. Die Region gehört zu den wärmsten der Slowakei und hat bis zu 2200 Sonnenstunden pro Jahr bei einer durchschnittlichen Jahrestemperatur vom 9 - 10 °C. Seit 1966 befindet sich östlich der Stadt der Stausee Zemplínska šírava.

## Sehenswertes

Das Stadtzentrum weist nur wenigen alten Baubestand auf, aber - wie viele Städte der östlichen Slowakei - einen großen zentralen Platz, der als Freizeit- und Einkaufszentrum gestaltet ist. Im Westen Michalovces, an der Hauptstraße nach Košice, sind mehrere Industriebetriebe angesiedelt.

Ein sehr schönes Gebäude ist das Schloss mit umgebendem Park am Ufer des Laborec. Es wurde als rechteckiger Renaissance-Bau mit offenen Arkaden im 17. Jahrhundert, an der Stelle eines älteren Bauwerks (wahrscheinlich einer häufig erwähnten Burg) gebaut. Das Schloss wurde später mehrmals umgestaltet. Heute befindet sich darin ein Museum.

Neben dem Schloss steht eine katholische Barock-Kirche aus dem 14.-15. Jahrhundert. Außerdem gibt es zwei griechisch-katholische Kirchen von 1772 (Rokoko) bzw. 1931-34 (neobyzantinischer Stil).

Auf dem Hügel Hrádok steht das Mausoleum der Familie Sztáray, das als freie Nachbildung der Michaels-Kirche in Košice im neogotischen Stil 1893-1898 errichtet wurde,

## Umgebung

Im Umkreis von Michalovce breitet sich das Ostslowakische Tiefland, das in der Höhenlage nur wenige Meter über der Ostpannonischen Ebene liegt, in die es 50 km südlicher übergeht. Der Laborec und die anderen Flüsse (Latorica, Topľa und Ondava) entwässern nach Süden in den Bodrog und zur nahen Theiß und sind teilweise von Auwald begleitet.

Zur Region gehören die Bezirke Trebišov, Michalovce und Sobrance, und im Norden die Gebirge Slanské vrchy und Vihorlat (1076 m).

Gleich jenseits der Grenze zur Ukraine, die etwa 40 km entfernt ist, liegt die Universitätsstadt Uschhorod (siehe auch Geschichte der Karpato-Ukraine).

### Geologie und Natur

Den geologischen Untergrund im Nordteil der Tiefebene bilden am Mittellauf des Laborec Tertiär- und Quartärablagerungen. Aus der fruchtbaren Ebene (Höhe etwa 110-115m) ragen zwei niedrige, bewaldete Hügelketten, der *Hrádok* (163 m) und der größere *Biela hora* (159 m). Ihre Geologie wird von Splitten und Sandstein geprägt.

Die Stadt liegt in der Ebene nahe dem Zemplínska šírava (11 x 3 Kilometer), einem großen Badesee und einem Zentrum des lokalen Tourismus. Er wurde 1966 am südlichem Abhang der *Biela hora* gebaut; anschließend entwickelte er sich zu einem Zentrum für Erholung und Sport. Der See ist stark von Touristen frequentiert. Sein Ostteil weist ein Vogelschutzgebiet mit einer ornithologischen Station auf. Aufgrund der günstigen Lage und des sehr warmen Kontinentalklimas im Sommer - es entspricht etwa dem von Pannonien - wird in der Umgebung des Stausees Wein angebaut.

## Stadtgliederung

Die Stadt gliedert sich in 8 Stadtteile in 5 Katastergebieten:

- Michalovce
  - Michalovce
- Stráňany (1925 eingemeindet)
- Topoľany (1960 eingemeindet)
  - Topoľany
  - Žabany
- Močarany (1960 eingemeindet)
  - Betlenovce
  - Milovaná
  - Močarany
- Vrbovec (1960 eingemeindet)
  - Meďov
  - Vrbovec

## Städtepartnerschaften

- Vyskov (Tschechien)
- Villa Real (Spanien)
- Jarosław (Polen)
- Sátoraljaújhely (Ungarn)
- Užhorod (Ukraine)
- Kavarna (Bulgarien)

## Siehe auch

- HK Iuventa Michalovce
- Liste der Städte in der Slowakei

## Weblinks

- http://www.michalovce.sk/de
- http://www.skg.sk/detail_country.php?f=3§ion=0&city=Michalovce&lang=en

## References

[1] http://toolserver.org/~geohack/geohack.php?pagename=Michalovce&language=de¶ms=48.7575_N_21.9183333333_E_dim:10000_region:SK-KI_type:city(39322)
[2] http://www.michalovce.sk/
[3] http://portal.gov.sk/Portal/sk/Default.aspx?CatID=109&cityID=522279
[4] http://app.statistics.sk/mosmis/eng/zaklad.jsp?txtUroven=000000&lstObec=522279

# Slowaken

Die **Slowaken** (bis zum 19. Jh. auch *Slawaken*; slowakisch *Slováci*; Singular männlich *Slovák*, weiblich *Slovenka*) sind die Titularnation der Slowakei. Sie zählen insgesamt über 6 Millionen Angehörige, wovon in der Slowakei etwa 4,6 Millionen leben.

## Verbreitung

Slowakische Minderheiten leben in den USA 797.764 (2000)[1] , Tschechien (190.000 bis 350.000), Ungarn 17.693 (2001)[2] , Kanada (50.000 bis 100.000), Serbien (59.000, davon über 56.000 in der AP Vojvodina), Polen (10.000 bis 47.000), Rumänien (18.000), der Ukraine (7.000 bis 17.000), Kroatien (vor allem in Ostslawonien), anderen EU-Ländern, Australien und in Lateinamerika.

Eine Übersicht über die offizielle und geschätzte Anzahl der Slowaken findet sich hier: [3]

## Sprache

Sie gehören zu den Westslawen; ihre Sprache, das Slowakische ähnelt insbesondere der Tschechischen Sprache.

## Religion

Die slowakische Bevölkerung gehört zu einem Großteil dem römisch-katholischen Glauben an. Im 16. und 17. Jahrhundert waren die Slowaken jedoch mehrheitlich Lutheraner.

## Allgemeine Entwicklung

### 5. – 9. Jahrhundert

Die direkten slawischen Vorfahren der Slowaken lebten (nach herrschender Meinung) mindestens seit der Zeit der Völkerwanderung (seit etwa 500) im Gebiet der heutigen Slowakei. Die heute gängigsten Theorien über ihre Herkunft besagen, dass sie entweder in zwei Wellen sowohl vom Norden als auch vom Süden in die heutige Slowakei kamen, oder aber, dass sie schon vor der Völkerwanderung im Karpatenbecken ansässig waren (so bspw. laut O. N. Trubatschow oder laut der Nestorchronik). Aus der Sicht der slowakischen Sprachwissenschaftler begann mit der Ankunft der Slawen zugleich die erste Phase der Entwicklung der „urslawischen (gemeinslawischen) Basis der slowakischen Sprache“ [4].

Im 7. Jahrhundert waren die Vorfahren der Slowaken Bestandteil des Kerns der Bevölkerung des Reiches des Samo. Archäologischen Funden zufolge besteht zum Teil Kontinuität zwischen den Funden aus der Zeit des Reiches des Samo und späteren Funden aus dem 8. und 9. Jahrhundert.

Im 8. Jahrhundert haben die Vorfahren der Slowaken das Neutraer Fürstentum gegründet, das 833 Bestandteil des Kerngebiets Großmährens wurde. Die Vorfahren der Slowaken bildeten somit gemeinsam mit den Vorfahren der heutigen Mähren die Kernbevölkerung Großmährens. Aus der Sicht einer Gruppe von Slawisten zerfiel im 8. oder 9. Jahrhundert die urslawische (gemeinslawische) sprachliche Einheit (nach Sprachwissenschaftlern entwickelte sich die slowakische Sprache direkt aus dem Urslawischen (Gemeinslawischen)). Nach herrschender Meinung der slowakischen Sprachwissenschaftler begann im 8. Jahrhundert die zweite Phase der Entwicklung der urslawischen (gemeinslawischen) Basis der slowakischen Sprache. Ein wichtiges Ereignis im 9. Jh. war die Slawenmission der beiden aus Saloniki stammenden Brüder Konstantin (Kyrill) und Method in Großmähren (seit 863/864). Der Philosoph Konstantin entwickelte eigens für die Mission das erste slawische Alphabet, die Glagolitische Schrift (Hlaholica, Glagolica), brachte das Symbol des byzantinischen Doppelkreuzes mit (das heute im slowakischen Staatswappen enthalten ist), wählte das so genannte Altkirchenslawische als die während seiner großmährischen Mission zu verwendende Sprache aus und führte die mit Method bereits vorbereiteten ersten Übersetzungen liturgischer und biblischer Texte ins Altkirchenslawische ein. Das Altkirchenslawische nahm während der großmährischen Mission viele Elemente der in diesem Gebiet gesprochenen westslawischen Dialekte an. So enthält auch die damalige Version der Glagolica einen Buchstaben (Laut dz), der damals nur in den Dialekten auf dem Gebiet der heutigen Slowakei verwendet wurde. Anderseits hat das heutige Slowakische viele religiöse Wörter (Gewissen, Glaube, Seele, Schöpfer, beten, Heiliger Geist usw.) aus dem Altkirchenslawischen übernommen. Während der Mission in Großmähren übertrugen die Brüder die ganze Bibel ins Altkirchenslawische, aber auch zum Beispiel eine Gesetzessammlung, liturgische Texte und Anderes. Sie gelten dank dieser Mission als Begründer der (gesamten) slawischen Literatur. Im März 868 wurde sogar vom Papst auf Kyrill und Metods Initiative die slawische Liturgiesprache (Altkirchenslawisch) zugelassen - als vierte Sprache in der Westkirche neben Latein, Griechisch und Hebräisch (was kein Papst bis zum 20. Jahrhundert mehr für eine andere Sprache wiederholte). Das mit lokalen Elementen versehene Altkirchenslawische wurde also in Großmähren neben Latein (zumindest) für amtliche und religiöse Zwecke verwendet. Am Hofe und von den Gebildeten wurde in Großmähren parallel eine Kulturform der lokalen Sprache verwendet.

## 10. – 15. Jahrhundert

Anfang des 10. Jahrhunderts erfolgte der Untergang Großmährens und die Ankunft der altmagyarischen Stämme in der heutigen Südslowakei. Die Slowakei wurde im 10. und 11. Jahrhundert (kleinere nördliche Gebiete erst im 14. Jahrhundert) in das Königreich Ungarn eingegliedert. Bis Anfang des 12. Jahrhunderts bestand das Neutraer Fürstentum innerhalb des Königreichs Ungarn weiter.

Aus der Sicht einer Gruppe von Slawisten (vgl. oben) zerfiel die urslawische (gemeinslawische) sprachliche Einheit erst im 10. Jahrhundert. Nach herrschender Meinung der slowakischen Sprachwissenschaftler begann sich die slowakische Sprache im 10. Jahrhundert als eine eigenständige Sprache zu entwickeln.

Aus dem 10.-13. Jahrhundert sind slowakische Orts-, Gewässer- und Personennamen sowie vereinzelt auch andere Wörter in vielen Texten belegt. So enthält die Halotti beszéd (Ende des 12. Jh.) Wörter wie bratim, milostben und die Zoborská listina von 1111, die älteste erhaltene Urkunde aus dem Gebiet der Slowakei, enthält zahlreiche slowakische Personen- und Ortsnamen aus der Umgebung von Nitra. Um 1200 unterscheidet Anonymus in dessen Gesta Hungarorum eindeutig zwischen Slowaken (Sclavi oder Nytriensis Sclavi), Böhmen und Polen.

Im Mittelalter (mindestens bis zum Spätmittelalter, teilweise aber auch viel später) erstreckte sich das Siedlungsgebiet der Slowaken noch auch ungefähr im heutigen Ungarn (neben magyarischen Siedlungen), im südöstlichen Mähren (so genannte Mährische Slowakei; bis zum Spätmittelalter gehörte dieses Gebiet teilweise zum Königreich Ungarn), im nordwestlichen Rumänien sowie kleinen Teilen Österreichs und der Ukraine. Der Verlauf der südwestlichen, südlichen und östlichen Grenze slowakischer Siedlungen kann (unter Verwendung heutiger geographischer Namen) ungefähr wie folgt beschrieben werden: Leitha/Wiener Wald – Güssing – Flusslauf der Raab – Nagykanizsa – Pécs – Szeged – Flusslauf des Mureş – Deva – Cluj-Napoca – Borşa – Chust – Mukatschewe – Oberlauf des Flusses Usch.

Ein relativer (nicht nur für die heutige Slowakei geltender) Mangel an erhaltenen schriftlichen Quellen aus dem 11. und 12. Jahrhundert ermöglichte es einigen, vor allem ungarischen, Historikern vor dem zweiten Weltkrieg zu behaupten, die heutige Slowakei sei bis zum 12. Jahrhundert weitgehend unbesiedelt und von undurchdringbaren Wäldern bedeckt gewesen. Diese Ansicht vertrat auch der tschechische (vor dem zweiten Weltkrieg bedeutende und offen tschechoslowakistisch orientierte) Historiker Václav Chaloupecký, der allerdings im Unterschied zu ungarischen Historikern in der Südwestslowakei eine Siedlungskontinuität aus der Zeit Großmährens akzeptierte. Angefangen mit einer von Daniel Rapant durchgeführten Analyse der Besiedlung Liptaus von 1934 haben weitere Untersuchungen schriftlicher Quellen sowie archäologische Funde diese Ansichten inzwischen eindeutig widerlegt. Es wurden zahlreiche slowakische Siedlungen praktisch in der gesamten Slowakei mit Ausnahme hoher Gebirge und der Gebiete Arwa und Kysuce belegt. Um 1250 gab es in der heutigen Slowakei bereits 1600 schriftlich belegte Siedlungen. Heute gibt es in der Slowakei - zum Vergleich- fast 2900 Gemeinden.

Seit Anfang des 13. Jahrhunderts werden die Slowaken in zahlreichen Texten sehr häufig erwähnt (bis 1400 in den Formen *Slovyenyn, Slowyenyny; Sclavus, Sclavi, Slavus, Slavi; Tóth; Winde, Wende, Wenden*). So erwähnt zum Beispiel eine Urkunde des Königs Andreas II. von 1217 unter den Menschen, die auf dem Land des Klosters von Sankt Benedikt (Hronský Beňadik) lebten, Sachsen, Magyaren und Slowaken („quatenus cuiuscumque nationis homines, Saxones videlicet, Hungarii, Sclaui seu alii ad terram monasterii sancti Benedicti de Goron"). Aus dem Jahr 1294 ist das Adjektiv/Adverb „slowakisch" zum ersten Mal in seiner slowakischen Form (in einem lateinischen Satz) und in einem sich unumstritten auf die Slowaken beziehenden Zusammenhang erhalten geblieben („Venit ad parvam arborem mystra, slovenski breza ubi est meta"). 1444 ist aus dem Gebiet der Slowakei zum ersten Mal das Wort Slowake in seiner heutigen Form – als „Slowak" - nachgewiesen (in einem Text, der von zwei Hauptleuten der Stadt Bardejov spricht – „Czech et Slowak"), 1458 wird in einem lateinisch-tschechischen Wörterbuch das lateinische Wort Sclauus mit „Slowak" übersetzt.

Seit dem Ende des 14. Jahrhunderts bis etwa 1800 verwendeten die Slowaken, insbesondere die Protestanten, neben Latein und Slowakisch sehr häufig auch die tschechische Sprache – sehr oft jedoch in slowakisierter Form – als Literatur- und Rechtssprache. Diese Tatsache sowie vor allem die spätere Existenz der Tschechoslowakei sind die

Ursache für die heutige Ähnlichkeit der beiden Sprachen. Näheres siehe unter slowakische Sprache.

Seit dem 14. Jahrhundert sind bereits ganze slowakischsprachige Sätze bzw. Satzgruppen in (vor allem lateinischen) Texten belegt, so zum Beispiel „Poydem na huby do lessa" (vgl. in heutigem Slowakisch „Pôjdem na huby do lesa", in heutigem Tschechisch „Půjdu na houby do lesa"). Auch das älteste erhaltene Gedicht, das in (je nach Sichtweise) Slowakisch oder slowakisiertem Tschechisch verfasst wurde, und zugleich das älteste slowakischsprachige Literaturdenkmal – „Maria matko" (Mutter Maria) – ist im 14. Jahrhundert (1380) entstanden.

Aus dem Jahr 1415 stammt die älteste erhaltene (zur Gänze) tschechischsprachige Urkunde, aus dem Jahr 1422 die älteste erhaltene (zur Gänze) in slowakisiertem Tschechisch verfasste Urkunde aus dem Gebiet der Slowakei. Aus dem gleichen Jahrhundert sind auch die ersten slowakischsprachigen zusammenhängenden Texte und Urkunden erhalten. 1451 fangen slowakischsprachige (bzw. in stark slowakisiertem Tschechisch verfasste) juristische Einträge im Stadtbuch von Žilina an.

Seit dem 14. Jahrhundert, vor allem jedoch im 16. Jahrhundert, sind juristische Streitigkeiten auf ethnischer Basis zwischen Slowaken und Deutschen (später zum Teil auch Magyaren) um Rechte in der Führung der Städte in der Slowakei häufig belegt. So musste 1381 der König persönlich festlegen, dass die Slowaken und Deutschen im Stadtrat von Žilina die gleiche Vertretung haben müssen, wobei betont wurde, dass eine derartige gerechte Vertretung bereits bei der Gründung der Stadt (d. h. spätestens um 1300) vereinbart wurde.

## 16. und 17. Jahrhundert

Als das heutige Ungarn Anfang des 16. Jahrhunderts vom Osmanischen Reich erobert wurde, wurde die Slowakei zum Kern des nunmehr deutlich kleineren Königreichs, das bis zum Ende des 17. Jahrhunderts als Königliches Ungarn bezeichnet wurde. Pressburg, die heutige slowakische Hauptstadt Bratislava, wurde (bis 1784/1848) zur Hauptstadt des Königlichen Ungarns. Nachdem das Osmanische Reich gegen 1700 von habsburgischen Truppen geschlagen wurde, wurden Tausende Slowaken systematisch in entvölkerten Teilen des gebietsmäßig wiederhergestellten Königreichs Ungarn angesiedelt. Die Slowaken bezeichnen diese Gebiete generell als *Dolná zem* (das „Untere Land"). Durch diese Umsiedlungen sind die bis heute bestehenden, noch im 19. Jahrhundert sehr beträchtlichen, slowakischen Sprachinseln in den heutigen Ländern Ungarn, Rumänien, Serbien und Kroatien entstanden.

Seit dem 15. (vor allem jedoch 16. Jahrhundert) ist in der Slowakei die Existenz einer Kultursprache (Kulturkoine) schriftlich belegt (in mündlicher Form gab es sie wahrscheinlich bereits im 12. Jahrhundert). Diese hatte drei Varianten: die westslowakische, eine mittelslowakische und eine ostslowakische. Am Ende des 18. Jahrhunderts/Anfang des 19. Jahrhunderts wurde diese Kultursprache durch kodifiziertes Slowakisch ersetzt (siehe dazu slowakische Sprache).

Seit dem 16. Jahrhundert ist in Texten, die von slowakischen Gebildeten geschrieben wurden, der Begriff „natio Slavonica" (Latein) bzw. „slovenský národ" (Slowakisch), d. h. „slowakische Nation", belegt. Dieser wird in Kontexten, die von wachsendem Nationalbewusstsein zeugen, verwendet. So werden die Slowaken vom Magnaten Peter Révay um 1596 in seinem Werk „De monarchia et sacra corona Hungariae" mit besonderem Stolz beschrieben und Georg Thurzo, der Palatin des Königlichen Ungarns und ein stolzer Slowake, schreibt Anfang des 17. Jahrhunderts in seiner amtlichen Korrespondenz „nostra natio slavica" (lat.) und übersetzt dies ins Slowakische mit „naša slovenská nácia" (slow.), das heißt "unsere slowakische Nation". Der bekannte ungarische Dichter Bálint Balassa schrieb im 16. Jahrhundert einen Teil seiner Gedichte auch auf Slowakisch. Anfang des 16. Jahrhundert bezeichnete ein Teil des ungarischen Adels Johann Zápolya als einen „slowakischen König" und seine Truppen als „slowakische Büttel". In der Mitte des 16. Jahrhunderts wird ein Teil des im Königreich Ungarn bedeutendsten Gesetzbuchs Tripartitum ins Slowakische übersetzt.

Um 1600 spitzten sich ethnische Streitigkeiten zwischen Slowaken und Deutschen (nicht nur in den Städten) in der Slowakei derart zu, dass bspw. der Stadtrat von Banská Bystrica unter Androhung mit Todesstrafe den Slowaken verbot, gegen die Deutschen zu rebellieren. Eine ähnliche Situation gab es damals in den Städten Karpfen und

Kremnitz. 1608 erschien im Königreich Ungarn das erste Nationalitätengesetz; es garantierte den Deutschen, Magyaren und Slowaken gleiche Rechte in den Städten.

## 18. - 21. Jahrhundert

Aus der ersten Hälfte des 18. Jahrhunderts stammt die älteste erhaltene Übersetzung der gesamten Bibel ins Slowakische (sgn. Kamaldulská Biblia). Vorher wurden tschechische und polnische (bzw. noch früher altkirschenslawische) Übersetzungen verwendet.

Im 18. Jahrhundert begannen die Slowaken – ähnlich wie die Magyaren, Tschechen etc. – sich zu einer modernen Nation zu entwickeln – siehe dazu Nationale Wiedergeburt der Slowaken. Parallel dazu mussten die Slowaken die Bestrebungen der ungarischen Hegemonialmacht, sie zu magyarisieren, bekämpfen – siehe dazu Magyarisierung.

Nach der österreichischen Volkszählung von 1785 lebten auf dem Gebiet der heutigen Slowakei über 2 Millionen Einwohner, davon rund 80 % Slowaken. Der Anteil der Slowakischsprachigen in den insgesamt 11379 Gemeinden im gesamten Königreich Ungarn, einschließlich Kroatien-Slawonien, betrug 24,2 % (magyarisch 32,2 %, kroatisch und „illyro-dalmatinisch" 20,23 %, rumänisch 9,04 %, deutsch 7,8 %, ruthenisch 6,16 % und 18 Gemeinden serbisch). Spätere (nicht unbedingt miteinander kompatiblen) Volkszählungen in Österreich-Ungarn ergaben für das Königreich Ungarn ohne Kroatien-Slawonien folgende Anteile und Zahlen für die Slowaken und Magyaren:

- 1850 – Slw.: 14,1 % (1 738 741) ; Mag.: 39 % (4 812 438)
- 1857 - 12,7 % (1 628 542); 37,9 % (4 858 044)
- 1880 - 13,5 % (1 855 451); 46,6 % (6 404 070)
- 1890 – 12,5 % (1 896 665); 48,5 % (7 357 936)
- 1900 – 11,9 % (2 002 165); 51,4 % (8 651 520)
- 1910 – 10,7 % (1 946 357); 54,5 % (9 944 627)

Nach der Verlegung der Hauptstadt des Königreichs nach Ofen/Pest (später Budapest), wo im Laufe des 19. Jahrhunderts zahlreiche Zentralisierungs- und Magyarisierungsanstrengungen eingeleitet wurden, wurden die Slowaken im Laufe des Jahrhunderts sukzessive praktisch überwiegend zu einem Bauern- und Arbeitervolk ohne nennenswerte Vertretung im Parlament degradiert. Die Magyarisierungsbestrebungen führten im Königreich Ungarn bis zum Vorabend des Ersten Weltkriegs zu einem überwiegenden Abbau der slowakischsprachigen Schulen. Ohne die spätere Entstehung der Tschechoslowakei nach dem Ersten Weltkrieg wären die Slowaken Anfang des 20. Jahrhunderts zumindest sprachlich gesehen langfristig vom Aussterben bedroht gewesen. Die wirtschaftlich und politisch äußerst ungünstige Situation der Slowaken im Königreich Ungarn führte seit der Mitte des 19. Jahrhunderts bis etwa zur Zwischenkriegszeit zu einer Massenauswanderung in die USA und Kanada, wo bis heute mehrere bedeutende US-amerikanische Persönlichkeiten slowakische Vorfahren haben. Details siehe unter Geschichte der Slowakei.

1918 wurde die Slowakei Bestandteil der Tschechoslowakei. 1939-45 bestand die Erste Slowakische Republik, ein von NS-Deutschland abhängiger Marionettenstaat. 1993 erfolgte die Aufteilung der Tschechoslowakei in Tschechien und die Slowakei. Unmittelbar nach dem Zweiten Weltkrieg wurden zehntausende Slowaken (neben Tschechen und einigen Magyaren) systematisch im damals durch die Vertreibung der dortigen deutschen Bevölkerung entvölkerten Sudetenland angesiedelt; diese Slowaken wurden inzwischen größtenteils tschechisiert. Außerdem fand nach dem Zweiten Weltkrieg ein teilweiser Bevölkerungsaustausch mit Ungarn statt (etwa 70.000 ungarische Slowaken gegen slowakische Ungarn). Weitere bedeutende Auswanderungswellen fanden nach der Machtübernahme der Kommunisten in der Tschechoslowakei (1948) sowie nach dem Fehlschlagen des Prager Frühlings (1968) statt. In beiden Fällen gingen die Auswanderer in der Regel nach Amerika oder nach Westeuropa. Eine neue – diesmal meist rein wirtschaftlich bedingte – Auswanderungswelle bahnt sich Anfang des 21. Jahrhunderts im Zusammenhang mit der Grenzöffnung nach dem Zusammenbruch des Kommunismus (1989) und insbesondere nach dem EU-Beitritt der Slowakei (2004) an.

# Ethnonym

Die Bezeichnung der Slowaken ist vom slawischen Wort (transkribiert) „Slověne“ abgeleitet (Sg. meistens „Slověnin“; heute slowakisch im Plural meist mit Slovieni oder Sloveni übersetzt - im Gegensatz zu Slovinci für Slowenen und Slovania für Slawen). In diesem Zusammenhang ist zu beachten, dass das Wort „Slověne“ in der Selbstbezeichnung der Slowaken (wie auch übrigens in jener der Slowenen) bis heute enthalten ist – vgl. *Slovák* (Slowake), aber: *Slovenka* (Slowakin) – *slovenský* (slowakisch, Adjektiv) – *slovensky* (slowakisch, Adverb) – *Slovensko* (Slowakei). Die Slowaken und die Slowenen sind damit die einzigen Slawen, in deren Namen bis heute die vermutete ursprüngliche Bezeichnung der Slawen enthalten blieb.

Das Wort „Slověne“ wird heute in der deutschen Literatur meistens irreführend als *Slowenen/Slovenen* wiedergegeben. Es war ursprünglich wohl der Name aller Slawen oder einiger Gruppen davon oder zumindest der Slawen im Karpatenbecken und der Umgebung. Slawische Quellen bezeichnen so für das 9. Jahrhundert vor allem die Bewohner Großmährens (oder nach manchen Ansichten den östlichen Teil dieser Bewohner, siehe weiter unten „Bewohner Großmährens“) und der Region um Saloniki (Mazedonische Slawen). Im Hochmittelalter war es (zumindest in der fraglichen Region) der Name der Slowaken, der heutigen Slowenen sowie einiger Slawen in Kroatien (die heutigen Slawonier), andere Slawen trugen damals jedenfalls bereits andere Namen (Polen, Tschechen, Bulgaren usw.). Die Nestorchronik (für das 11. Jh.) bezeichnet so die Slawen überhaupt, aber speziell auch die (Vorfahren der) Slowaken und die Slawen von Nowgorod; und das Wort ist auch als Bezeichnung der Slawen an der unteren Elbe und an der heutigen Nordseeküste belegt. Varianten der Bezeichnung „Slověnin“ (Slowenyny u. ä.) für die Slowaken sind bis zum 15. Jahrhundert (im 15. Jahrhundert parallel zu Varianten der Bezeichnung „Slovák“) belegt. Seit Anfang des 15. Jahrhunderts sind nur noch Varianten der heutigen Form „Slovák“ belegt; im 15. Jahrhundert waren diese bereits auch im deutschsprachigen Raum sowie in Böhmen, Mähren und Polen verbreitet. Die neue Form „Slovák“ wurde allerdings in den westslawischen Sprachen – ähnlich wie das Wort Slověnin – bis zum 18. Jahrhundert seltener auch in der Bedeutung „Slawen, die (keinen eigenen Staat besitzen, weswegen sie) sich selbst als Slawen bezeichnen“, das heißt die heutigen Slowaken, Slawonier, Slowenen u. ä., verwendet.

Die lateinische Entsprechung des Wortes Slověnin war ursprünglich Slavus, Sclavus u. ä., allerdings mit dem Unterschied, dass sie auch noch bis zum 19. Jahrhundert seltener auch in der Bedeutung Slawe verwendet wurde. Die lateinische Entsprechung ist wichtig, da im Königreich Ungarn Latein (als eine Art „lingua franca“) bis zur Mitte des 19. Jahrhunderts als Amtssprache und vor der Renaissance als die Sprache auch der meisten anderen Texte verwendet wurde. In ungarischen Chroniken aus dem Hochmittelalter findet man auch die Bezeichnungen Nytriensis Sclavi oder Nitrienses, das heißt "Neutraer Slawen" oder "Neutraer" (zu Neutraer Fürstentum bzw. Neutra). Vom 16.(?) Jahrhundert bis Anfang des 19. Jahrhunderts wird wiederum vereinzelt auch die Bezeichnung „Bohemo-Slavi“ verwendet. Im Königreich Ungarn bezeichnete man damit vor allem jene Slowaken, die in der Liturgie und beim Schreiben Tschechisch verwendeten, d. h. vor allem Protestanten.

Die ungarische Entsprechung „tót“ wurde ursprünglich für alle Slawen im Königreich Ungarn verwendet, später vor allem für Slowaken, aber auch für Slawonier und zum Teil ungarische Slowenen; im 19. Jahrhundert bezog sich das Wort tót nur noch auf die Slowaken. Hier ist jedoch zu beachten, dass im 16. und 17. Jahrhundert von den fraglichen Ethnien aufgrund türkischer Eroberungen nur die Slowaken Bestandteil des Königreichs Ungarn (damals Königliches Ungarn genannt) waren, sodass die Bezeichnung „tót“ auch für diese Zeit meist eindeutig abgegrenzt ist. Die Bezeichnung „szlovák“ kommt im ungarischen erst seit etwa 1815 vor und häufiger erst seit der Entstehung der Tschechoslowakei, vor allem jedoch nach dem Zweiten Weltkrieg vor.

Deutschsprachige Texte verwenden im Hochmittelalter für die Slowaken die Bezeichnung Wenden, ab dem 15. Jahrhundert sind Varianten der Form „Slowake“ belegt. (Zumindest) im 19. Jahrhundert wurde auch die Form "Slawake" verwendet.

## Der heutige Landesname

Abgesehen von frühen Erwähnungen, in denen sowohl das Gebiet der Slowakei, als auch ein slawisches Gebiet gemeint sein kann, ist die Bezeichnung des Gebietes der Slowakei als Slowakei (ausnahmsweise) zum ersten Mal 1029 belegt - der Herrscher des Neutraer Fürstentums Emmerich wird als Fürst der Slowakei („dux Sclavonie") bezeichnet. Die nächste erhaltene Erwähnung ist erst aus dem 15. Jahrhundert belegt (Schlabatia (lat.), Slováky (tschech.?), Slowenská zem (slow.), slowakische Land (dt.)) – die meisten Belege stammen zunächst aus deutschem Sprachraum - und seit dem 16. Jahrhundert ist der Begriff häufig belegt (Slovakia (lat./dt.), Slowakei/Slowakey (dt.), Slowiaky, S(c)lavonia (lat.), Sclavonic (lat.), tót vijálet (türkisch) u. ä.). So wird zum Beispiel 1490 in einem in Leipzig gedruckten Text des Autors Niavius die Slowakei („Schlabatia") als ein „wundeschönes Land, das Überfluss in Honig und Milch hat" beschrieben. 1586 ist in einem in Prag erschienen deutschsprachigen Text, in dem beschrieben wird, wie bei Sankt Nikolaus (Liptovský Mikuláš) das Manna vom Himmel fiel, zu lesen: *In Liptau, bei der Stadt Sankt Nikolaus in der Slovakia...* Der Autor hielt es nicht für notwendig den Begriff "Slovakia" im Text näher zu erläutern, er war damals also auch für Deutsche allgemein verständlich. Im 17. Jahrhundert war die Bezeichnung Slavonia (lat.) für die Slowakei üblich. Interessanterweise wurde im 17. Jahrhundert aber auch die Bezeichnung Pannonien (Panónia) für die Slowakei verwendet, und zwar nur für die Slowakei, nicht für das gesamte Königreich Ungarn. 1704 bezeichnete Franz II. Rákóczi im Rahmen seines Aufstands gegen die Habsburger das von ihm beherrschte Gebiet als „Tótság, Tót impérium" (Slowakei, Slowakisches Reich). Die heutige slowakische Form des Namens Slowakei – „Slovensko" – ist schließlich 1685 zum ersten Mal belegt. Die heute von einigen Autoren wiederholte Behauptung, die Bezeichnung Slowakei sei (in welcher Form auch immer) erst im 19. Jahrhundert entstanden, ist also schlicht falsch. (Zumindest) im 19. Jahrhundert und am Anfang des 20. Jahrhunderts umfasste der Begriff Slowakei auch die Mährische Slowakei (siehe z. B. Ottův slovník naučný – Einträge: Slovensko, Slovácko, Slováci sowie [5] ).

Vgl. auch: Oberungarn

## Ethnogenese

### Slowaken ab dem 10. Jahrhundert

Nach der heute herrschenden Meinung kann man von Slowaken seit dem 10./11. Jahrhundert sprechen, das heißt zu diesem Zeitpunkt war die Ethnogenese der Slowaken abgeschlossen. Dies wird vor allem damit begründet, dass:

- im 10. Jahrhundert das Urslawische (Gemeinslawische) endgültig in die einzelnen slawischen Sprachen zerfiel und sich speziell auch das Slowakische als eine eigenständige Sprache zu entwickeln begann
- die Ankunft der Magyaren im Karpatenbecken (um 900) dazu beitrug, dass zum einen die Slowaken nunmehr in einem anderen Staat als die sprachlich verwandten Tschechen und Polen lebten, zum anderen dass sie zum Teil physisch von den Südslawen getrennt wurden, an die sie bis dato unmittelbar grenzten und die sich von da an von den Westslawen getrennt entwickelten

Diese Ansicht vertritt zum Beispiel Marsina 2001 (10. Jh. spätestens 12. Jh.), Lukačka 2007 (10. Jh.), Kováč 2008 (10. Jh.), Čaplovič 1998 (um 900? [nicht klar formuliert]), Steinhübel 2004 („seit sie in einem gemeinsamen Staat mit den nichtslawischen Magyaren waren"), Bartl 2002 („spätestens am Anfang des 10. Jahrhunderts") oder die Malá encyklopédia Slovenska 1987 („entwickelten sich ...im 10.-11. Jahrhundert aus dem großmährischen Substrat"). Die Archäologin Štefanovičová behauptet 2000, die Sprachwissenschaftler hätten sich „vor zwei Jahren" geeinigt, von Slowaken könne man seit dem 11. Jahrhundert sprechen.

Ein Teil der Autoren aus dieser Gruppe (zum Beispiel Marsina, Lukačka, Bartl, Ruttkay) setzt sich für die Zeit im 9. (und 10. Jahrhundert), das heißt für die großmährische Zeit - gegebenenfalls auch früher - für die Verwendung der Bezeichnung „starí Slováci" (Altslowaken) oder „Sloveni" (die slowakische Variante von Slověne ohne –i- in Namensstamm, die dem heutigen Sloven(sko), Sloven(ka) usw. näher steht) oder älter auch „Slovieni" ein. Begründungen lauten üblicherweise wie folgt:

- Es ist auch üblich bspw. von Tschechen, Deutschen und Magyaren (in der Slowakei und Tschechien „Altmagyaren“ genannt) ab dem 9. Jahrhundert zu sprechen, wobei die Tschechen und Magyaren in Wirklichkeit bis zum späten 10. Jahrhundert nur lose „Konglomerate“ von Stämmen waren, wobei bei den Tschechen und Magyaren jeweils nur ein Stamm des Konglomerats Tschechen und Magyaren hieß.
- Die Verwendung des Begriffs Altslowaken wird zusätzlich dadurch begründet, dass die Übersetzung des slowakischen Wortes Sloveni (d. h. des altslawischen Slověne) in die meisten anderen Sprachen das Wort Slowenen (slowakisch Slovinci) ergibt, was zu Missverständnissen führt.
- Aus der Sicht einer Gruppe von Slawisten zerfiel die urslawische (gemeinslawische) sprachliche Einheit bereits im 8./9. Jahrhundert, daher muss die Entwicklung der slowakischen Sprache bereits zu diesem Zeitpunkt begonnen haben.
- Die Vorfahren der Slowaken lebten im 9. Jahrhundert bereits in einem eigenen Staat (Neutraer Fürstentum bzw. Großmähren) und für die Vorfahren der Slowaken und Mährer sind im Gegensatz zu den Tschechen, Polen und Magyaren keine Stammesnamen erhalten, was von einem höheren Integrationsgrad zeugt.

Bartl 2002 verwendet die Formulierung, dass die Ethnogenese der Slowaken im 8. Jahrhundert begonnen habe und spätestens Anfang des 10. Jahrhunderts abgeschlossen gewesen sei. Analog behauptet die Encyklopédia Slovenska 1981, ab der Entstehung des Neutraer Fürstentums (d. h. um 800) "könne man von der ersten Phase der Existenz und Entwicklung der slowakischen Nationalität" sprechen und ab der Eingliederung der heutigen Slowakei in das Königreich Ungarn im 10. und 11. Jahrhundert sei die slowakische Nationalität "fertig formiert" gewesen. Siehe auch weiter unten unter „Bewohner Großmährens“.

Die restlichen Autoren aus dieser Gruppe sprechen vom 6. bis zum 10./11. Jahrhundert einfach nur von den „Vorfahren der Slowaken“ (es ist archäologisch nachgewiesen, dass es sich um die Vorfahren der Slowaken handelt) oder – insbesondere Archäologen - von „Slawen“.

## Slowaken ab dem 7. Jahrhundert

Eine eher kleine Gruppe von Autoren bezeichnet die Vorfahren der Slowaken ab dem 7. Jahrhundert, das heißt ab der Entstehung des Reichs des Samo oder sogar bereits ab dem 6. Jahrhundert als „Slowaken“ (Ďurica 2003, Doruľa 1996, Kučera 2001, Chropovský 2001; Kučera lässt für die Zeit vor dem 11. Jh. neuerdings die Bezeichnung Altslowaken zu). Mögliche Begründungen:

- Das Reich des Samo war das erste staatsähnliche Gebilde der Vorfahren der Slowaken, in dem sie „integriert“ wurden, und Staaten waren im Mittelalter der wichtigste Faktor für die Ethnogenese
- Es handelte sich um direkte Vorfahren der heutigen Slowaken.
- Es ist in vielen westeuropäischen Quellen heute üblich, slawische und andere Ethnien/Stämme bereits im (beispielsweise) 6. Jahrhundert mit ihren heutigen Namen zu bezeichnen, obwohl sie meistens schriftlich erst im 9. Jahrhundert o. ä. belegt sind. So wird zum Beispiel von „tschechischen Stämmen“ (Tschechen) und „mährischen Stämmen“ (Mährer) gesprochen, obwohl ihre Namen erst im 9. Jahrhundert zum ersten Mal schriftlich belegt sind.

Das Problem hat aber auch eine politische Dimension: Mehrere slowakische Historiker haben vor der Samtenen Revolution von 1989 offiziell eine andere Meinung vertreten (müssen) als danach. So spricht Chropovský 1989 in seinem Buch The Slavs für die Zeit Sventopluks (9. Jahrhundert) noch von „den Tschechen, Serben, slawischen Stämmen im Donaugebiet und jenen entlang der Theiß“, zehn Jahre später bezeichnet er aber „slawischen Stämme des Donaugebiets“ sogar für das 6. Jahrhundert als Slowaken. Auch Kučera betrachtete bis 1990 Großmähren als einen „gemeinsamen Staat der Tschechen und Slowaken“, was in der sozialistischen Tschechoslowakei eine sehr häufige Formulierung war. Heute spricht er von Mährern und Slowaken (oder Altmährern und Altslowaken).

### Bewohner Großmährens

Ein spezifisches Problem stellt die sich in auf Großmähren beziehenden Texten belegte Bezeichnung Slověne (ausgesprochen [slowene] oder [slowäne]; auf Slowakisch heute Sloveni oder Slovieni), aus der später die Form Slowake entstanden ist, für die Bewohner Großmährens. Ein Mal wird in den Quellen alternativ die Bezeichnung „moravskije ljudi" (d. h. mährische Völker) verwendet. Die lateinischen Quellen hingegen bezeichnen die Bevölkerung des Staates als „Sclavi/Winidi" (d. h. Slověne/Slawen), „Sclavi Marahenses/Sclavi Margenses" (d. h. mährische Slověne/mährische Slawen) oder „Maravi/Maravani/Maroaro" (d. h. Mährer).

Es gibt drei Grundinterpretationen der (in diesem Zusammenhang verwendeten) Bezeichnung Slověne:

- Nach einer Gruppe von Autoren bezeichnete das Wort Slověne alle Slawen oder vor allem die Slawen südlich der Karpaten und das Wort Mährer bezog sich nur auf den Staatsnamen oder aber es bezeichnete nur die Oberschicht im Staat. Letzteres war wohl die herrschende Meinung in den 80er Jahren (Encyklopédia Slovenska, Marsina in: Dejiny Slovenska I.)
- Nach anderen Autoren ist das Wort eher als eine Bezeichnung für die (Vorfahren der) Slowaken aufzufassen - im Gegensatz zur damals ebenfalls verwendeten Bezeichnung Mährer, die sich eher auf die (Vorfahren der) Mährer beziehen soll (z. B. Čaplovič 1998 spricht von Slověne und Mährern)
- Nach einer dritten Gruppe von Autoren bezeichnete der Begriff Slověne sämtliche Bewohner (des Kerns) Großmährens und Mähren sei nur eine rein geographische, vom Flussnamen abgeleitete Bezeichnung gewesen (Morava bedeutet im Slowakischen und Tschechischen sowohl Mähren, als auch March). Patriotisch orientierte Autoren (so z. B. Milan Stanislav Ďurica) interpretieren dann zusätzlich all diese Bewohner, das heißt auch die Vorfahren der heutigen Mährer, als Slowaken. Diese Ansicht wurde in der Vergangenheit vereinzelt auch von älteren tschechischen Forschern vertreten (Inocenc Ladislav Červinka); indirekt selbst von Josef Dobrovský, der 1825 schrieb: „die heutige Slowakei in Oberungarn ist das ursprüngliche Großmähren". In der Sprachwissenschaft findet diese Ansicht insofern „Unterstützung", als es bis zum zweiten Weltkrieg zum Teil üblich war zu behaupten und bis heute von einigen (auch tschechischen) Sprachwissenschaftlern immer noch behauptet wird, dass die (zumindest ost-) mährischen Dialekte auch heute noch der slowakischen Sprache zuzurechnen sind (vgl. Jagic 1913, S. 10,19; [6] ;Slovenský náučný slovník; Ottův slovník naučný; heute z. B. Machek 1997, S. 8 und siehe auch [7] ). In diesem Zusammenhang ist auch zu beachten, dass die Grenzgebiete Ostmährens bis zum Hochmittelalter offiziell zum Königreich Ungarn gehörten. Entsprechend der Ansicht, die Bewohner seien Slowaken, bezeichnen dann einige dieser Autoren Großmähren als das „Slowakische Reich", das Altkirchenslawische (bzw. seine großmährische Variante) als „Altslowakisch" und die Erwähnung einer „Slougenzin Marcha" in einer Urkunde Ludwig des Deutschen von 860 wird mit „Slowakische Mark" übersetzt (was somit die erste erhaltene geographische Bezeichnung der Slowakei und der ältesten Beleg der slowakischen Sprache wäre).

## Siehe auch

- Geschichte der Slowakei
- Slowakische Sprache

## Literatur


- Bartl, J.: Národné dejiny in: Bartl, J.- Kamenický, M. – Valachovič, P.: Dejepis pre 1. ročník gymnázií, 2002 [slowakisch]
- Blanár, V.: Slovakische Sprache und Literatur, in: Lexikon des Mittelalters 1977-1999
- Čaplovič, D.: Včasnostredoveké osídlenie Slovenska, 1998 [slowakisch]
- Chropovský, B.: The Slavs, 1989 [englisch]
- Dejiny Slovenska I.- V., 1986 – 1992 [slowakisch]

- Doruľa, J.: Jazykovo-historické etapy vývinu slovenskej identity, in:Seminár integračný šok. Bratislava 1996 [slowakisch]
- Ďurica, M.:
  - Dejiny Slovenska a Slovákov, 2003 [slowakisch]
  - http://www.jezuiti.sk/admin/dok/47fc2d8f6c109.pdf [slowakisch]
- Encyklopédia Slovenska I- VI, 1977-1992 [slowakisch]
- Historický slovník slovenského jazyka I - VI (A - V), 1991 – 2005 [slowakisch]
- Hochberger, E.: Das große Buch der Slowakei, 2003
- Hoensch, J. K.: Studia Slovaca: Studien zur Geschichte der Slowaken und der Slowakei, 2002
- Jagic, V.: Entstehungsgeschichte der Kirchenslavischen Sprache, 1913
- Lukačka J. in: Honzák, F.: Dejiny Slovenska - Dátumy, udalosti, osobnosti, 2007 [slowakisch]
- Kováč, D. et al.: Kronika Slovenska I, 1998
- Krajčovič, R.: Pôvod a vývin slovenského jazyka, 1981 [slowakisch]
- Kučera – Steinhübel – Chropovský – Ruttkay – Marsina – Šalkovský – Hanuliak – Sedlák – Lukačka – Krajčovič – Žeňuch – Doruľa: Slovaks in the Central Danubian Region, 2001: http://www.snm.sk/old/zbornik/zbornik_contents.htm [englisch]
- Machek, V.: Etymologický slovník jazyka českého, 1997 [tschechisch]
- Malá encyklopédia Slovenska, 1987 [slowakisch]
- Marsina, R.:
  - Slovaken, in: Lexikon des Mittelalters, 1977 - 1999
  - http://www.kultura-fb.sk/new/old/archive/5-3-9.htm 2001 [slowakisch]
- Marsina, R. (ed.): Etnogenéza Slovákov, 2009
- Mesároš, J.: Zložité hľadanie pravdy o slovenských dejinách, 2004 [slowakisch]
- Mistrík et al.: Encyklopédia jazykovedy, 1993 [slowakisch]
- Mrva, I.: http://www.kultura-fb.sk/new/old/archive/2-3-6.htm 2001 [slowakisch]
- Ratkoš, P.: Otázky vývoja slovenskej národnosti do začiatku 17. storočia, in: Historický časopis 20, 1972 [slowakisch]
- Slováci, Slovensko in: Ottův slovník naučný, nach 1900 [tschechisch]:[8],[9],[10],[11],[12],[13],[14],[15],[16],[17],[18]
- Slovenský jazyk-slovenské nárečia in: Slovenský náučný slovník, 1932 [slowakisch]
- Stanislav, J.: Slovenský juh v stredoveku I, II, 1999 und 2004 [slowakisch]
- Steinhübel, J.: Nitrianske kniežatstvo, 2004 [slowakisch]
- Štefanovičová, T.:
  - Osudy starých Slovanov, 1989 [slowakisch]
- Varsik, B.: Kontinuita medzi veľkomoravskými Slovienmi a stredovekými severouhorskými Slovanmi (Slovákmi). Výber štúdií a článkov z rokov 1969 – 1992, 1994 [slowakisch]
- Vykoupil, S.: Slowakei, 1999: http://www.vykoupil.de/homeslowlit_beck_frame.htm
- Wlachovský, K.:

## Weblinks

- http://www.voltaire.netkosice.sk/archive/slovensko/Stanovisko%20slovenskych%20historikov,%20archeologov%20a%20jazykovedcov.doc [slowakisch]
- http://www.10bl.gruene.at/auto/slowaken2.html Slowaken in Österreich
- Eintrag über *Slowaken* [19] in: Austria-Forum, dem österreichischen Wissensnetz – online (auf AEIOU)
- Slowaken in: Brockhaus Bilder-Conversations-Lexikon, Band 4. Leipzig 1841 [20]
- Slowaken in: Pierer's Universal-Lexikon, Band 16. Altenburg 1863 [21]
- Slowaken in: Meyers Großes Konversations-Lexikon, Band 18. Leipzig 1909 [22]
  - http://staryweb.uniba.sk/uk_celkovy_pohlad/profesorske_prednasky/Stefanovicova.htm [slowakisch]
  - http://www.luno.hu/mambo/index2.php?option=content&task=view&id=3789&pop=1&page=0 [slowakisch]
  - http://tulipan.vjrktf.hu/modul/mcs%2021%20Wlachowsky.doc [slowakisch]

## Fußnoten

[1] Volkszählung in USA, 2000 (http://www.census.gov/prod/2004pubs/c2kbr-35.pdf)

[2] Volkszählung in Ungarn (auf Ungarisch), 2001 (http://www.nepszamlalas.hu/hun/kotetek/04/tabhun/tabl20/load20000.html), Volkszählung in Ungarn (auf Englisch), 2001 (http://www.nepszamlalas.hu/eng/volumes/24/tables/load1_4_1.html)

[3] http://www.uszz.sk/files/poctyOdhady.doc

[4] In deutschen (nicht jedoch in slawischen) Texten ist es heute üblich die zweite Phase der Entwicklung des Urslawischen als Gemeinslawisch zu bezeichnen

[5] http://www.zeno.org/Meyers-1905/A/Slow%C4%81ken?hl=slowaken 1905 *Slowaken*. In: Heinrich August Pierer, Julius Löbe (Hrsg.): *Universal-Lexikon der Gegenwart und Vergangenheit*. 4. Auflage. Bd. 16, Altenburg 1863, S. 215–216 ( Online (http://www.zeno.org/Pierer-1857/A/Slowaken) bei zeno.org).

[6] http://www.zeno.org/Meyers-1905/A/Slow%C4%81ken?hl=slowaken 1905, http://www.zeno.org/Pierer-1857/A/Slowaken?hl=slowaken

[7] http://www.fphil.uniba.sk/index.php?id=3558

[8] http://encyklopedie.seznam.cz/heslo/331628-slovensko

[9] http://encyklopedie.seznam.cz/heslo/331560-slovaci

[10] http://encyklopedie.seznam.cz/heslo/331566-slovaci-pisne

[11] http://encyklopedie.seznam.cz/heslo/331563-slovaci-obydli

[12] http://encyklopedie.seznam.cz/heslo/331569-slovaci-skolstvi

[13] http://encyklopedie.seznam.cz/heslo/331567-slovaci-kroje

[14] http://encyklopedie.seznam.cz/heslo/331568-slovaci-narodnostni-pomery

[15] http://encyklopedie.seznam.cz/heslo/331565-slovaci-zvyky-a-obyceje

[16] http://encyklopedie.seznam.cz/heslo/331562-slovaci-povaha-telesna-i-dusevni

[17] http://encyklopedie.seznam.cz/heslo/331561-slovaci-pocet-a-jina-statistika

[18] http://encyklopedie.seznam.cz/heslo/331564-slovaci-zamestnani-vyziva-prumysl-obchod

[19] http://www.austria-lexikon.at/af/AEIOU/Slowaken

[20] http://www.zeno.org/Brockhaus-1837/A/Slowaken?hl=slowaken

[21] http://www.zeno.org/Pierer-1857/A/Slowaken?hl=slowaken

[22] http://www.zeno.org/Meyers-1905/A/Slow%C4%81ken?hl=slowaken

rue:Словакы

# Reformierte_Kirchen

Ulrich Zwingli, einer der Begründer der Reformierten Kirche

Die **Reformierten Kirchen** (oft auch: **Evangelisch-reformierte Kirchen**) bilden eine der großen christlichen Konfessionen in reformatorischer Tradition, die von Mitteleuropa ihren Ausgang nahmen. Sie gehen vor allem auf das Wirken von Ulrich Zwingli in Zürich und Johannes Calvin in Genf (Calvinismus) im Zuge der Reformation zurück.

Die reformierten Kirchen gehören ebenso wie die Evangelisch-lutherischen Kirchen zu den Evangelischen Kirchen. Die meisten reformierten Kirchen sind heute in der Weltgemeinschaft Reformierter Kirchen zusammengeschlossen. Weltweit sind die ursprünglich aus Schottland stammenden presbyterianischen Kirchen die größte Gruppe in der Familie der reformierten Kirchen.

Johannes Calvin, eine der prägenden Figuren der Reformierten Kirche

In der reformierten Theologie nimmt die Bibel, verstanden als göttliche Offenbarung, die zentrale Stelle ein; dies schlägt sich nieder in der Schlichtheit der Kirchenräume und des Gottesdienstes, der auf die Verkündigung des Evangeliums zentriert sein und möglichst wenige außerbiblische Elemente enthalten soll. Auch die Sakramente, namentlich das Abendmahl, treten in der gottesdienstlichen Praxis gegenüber Katholizismus und Luthertum in den Hintergrund und werden, als rein zeichenhafte Handlung verstanden, in den Dienst der Verkündigung gestellt. Wesentliches Charakteristikum reformierter Theologie ist ferner die starke Betonung der Prädestinationslehre, des Gedankens einer Erwählung der zum Heil (bzw. zur Verdammnis) bestimmten Menschen durch Gott ohne die Möglichkeit der Beeinflussung durch den Menschen. Zur Lebenswirklichkeit reformierter Kirchen gehörten in vergangenen Jahrhunderten strikte moralische Forderungen, deren Einhaltung auch durch gemeindliche Autoritäten kontrolliert wurde.

## Verbreitung

Heute sind reformierte Kirchen auf allen Kontinenten verbreitet, sie bilden jedoch nur in wenigen Ländern die Mehrheit. Länder mit mehrheitlich reformierten Kirchen sind die Niederlande und Schottland. In der Schweiz liegt die Mitgliederzahl der reformierten Kirche etwas unter derjenigen der katholischen. Traditionelle reformierte Minderheiten aus der Reformationszeit gibt es in Frankreich (Hugenotten), Polen, Ungarn/Rumänien und Litauen.

In der Schweiz sind sämtliche evangelischen Landeskirchen reformierten Bekenntnisses; sie bilden, zusammen mit der methodistischen Kirche, den Schweizerischen Evangelischen Kirchenbund.

In Österreich sind die reformierten Gemeinden in der Evangelischen Kirche H.B. zusammengeschlossen.

In Deutschland gibt es mit der Evangelisch-reformierten Kirche und der Lippischen Landeskirche zwei reformierte Landeskirchen, die zusammen mit weiteren lutherischen und unierten Landeskirchen die Evangelische Kirche in Deutschland bilden. In den Landeskirchen von Mitteldeutschland und Berlin-Brandenburg sind reformierte Gemeinden jeweils in reformierten Kirchenkreisen zusammengeschlossen. In den Landeskirchen im Rheinland und in Hessen-Nassau bestehen Reformierte Konvente. Daneben besteht der Bund Evangelisch-reformierter Kirchen Deutschlands und die als Freikirche konstituierte Evangelisch-altreformierte Kirche in Nordwestdeutschland. Dachverband der etwa zwei Millionen deutschen reformierten Christen ist der Reformierte Bund.

Die reformierte Kirche ist in Deutschland besonders auf dem Hunsrück, im Wittgensteiner Land, in Lippe, am Niederrhein, im Bergischen Land (Wuppertal), im Siegerland, in Nordwestdeutschland (vor allem Grafschaft

Bentheim, Grafschaft Lingen und Ostfriesland) und Bremen, im Ravensberger Land, an der Plesse, in Bayern und in Berlin und Brandenburg verbreitet.

## Geschichte

„Urdatum" ist das Wurstessen beim Zürcher Bürger Christoph Froschauer, einem Druckereibesitzer, an Invokavit 1522 (9. März), also dem ersten Sonntag der vorösterlichen Fastenzeit. Zwingli soll zwar nicht selbst mitgegessen haben, aber bei dem Wurstessen anwesend gewesen sein. Als Priester verteidigte er den Fastenbruch: Das Fastengebot sei ein menschliches Gesetz und deshalb nicht unbedingt gültig. Nur göttlichen Gesetzen müsse der Mensch unbedingten Gehorsam leisten. Die göttlichen Gesetze aber findet Zwingli in der Bibel.[1]

Die Reformation Zwinglis verbreitete sich in den nächsten Jahren in weiteren Schweizer Städten (Bern, Basel, St. Gallen), im süddeutschen Raum und im Elsass. Reformierte Zentren waren Straßburg, Memmingen, Lindau und Konstanz. Im Gegensatz zum Luthertum war Zwinglis reformierte Kirche von ihren Anfängen an mit den republikanischen Städten verbunden – die vom Volk gewählten Regierungen entschieden sich, oft aufgrund von Disputationen, für die Reformation. Ein Zusammenschluss mit dem lutherischen Zweig der Reformation gelang auf den Marburger Religionsgesprächen 1529 zwischen Luther und Zwingli nicht, vor allem weil in der Abendmahlsfrage keine Einigung erzielt werden konnte. Luther hielt an der wirklichen Gegenwart (Realpräsenz) von Leib und Blut Christi in den Gestalten des Mahls fest.

Nach Zwinglis Tod war es Heinrich Bullinger, sein Nachfolger als Zürcher Antistes, der in der deutschsprachigen Schweiz die Reformation konsolidierte und der durch seine ausgedehnte Korrespondenz zu seinen Lebzeiten europaweit der einflussreichste reformierte Führer war.

Fünf Jahre nach Bullingers Amtsantritt begann in Genf die Wirksamkeit von Johannes Calvin, dem Begründer des zweiten Zweigs der reformierten Theologie. Die Reformation der Genfer Richtung verbreitete sich besonders in Frankreich, wo die Hugenotten in manchen Landesteilen zur Bevölkerungsmehrheit wurden. Während der Hugenottenkriege flohen viele Hugenotten ins Ausland, wo sie französisch-reformierte Gemeinden gründeten, darunter zum Beispiel in Berlin und Brandenburg und in den Niederlanden.

Während sich in den deutschen, niederländischen und schottischen Gebieten die Genfer Richtung durchsetzte, war es in England Bullinger, dessen Theologie die anglikanische Reformation wesentlich beeinflusste.

In der Schweiz folgten die deutschsprachigen Gebiete der zwinglianischen Richtung, Genf und Neuenburg der calvinistischen. Das Waadtland nahm eine Zwischenstellung ein. Die Reformation in diesem Berner Untertanengebiet wurde von Bern und Zürich her angestoßen; später geriet es aber – als vor allem französischsprachiges Territorium – unter starken Genfer Einfluss. So behielt es zwar im Wesentlichen die zwinglische Theologie bei, führte aber unter Genfer Druck das staatsunabhängige calvinische Kirchenmodell ein. 1549 kam es im Consensus Tigurinus von Bullinger und Calvin zu einer Einigung der beiden Richtungen, die bis heute für die Schweizer Reformierten Kirchen gilt.

## Reformierte und Täufer

Die Zürcher Reformation war auch die Keimzelle der Täuferbewegung. Ihre Gründerväter – darunter Konrad Grebel, Felix Manz und Andreas Castelberger – gehörten ursprünglich zum engen Kreis der Vertrauten Ulrich Zwinglis. Ende 1524 / Anfang 1525 kam es zwischen ihm und den späteren Täufern zum Bruch. Gründe dafür waren unter anderem unterschiedliche ekklesiologische Anschauungen und vor allem die Verwerfung der von den Täufern als unbiblisch betrachteten Säuglingstaufe.

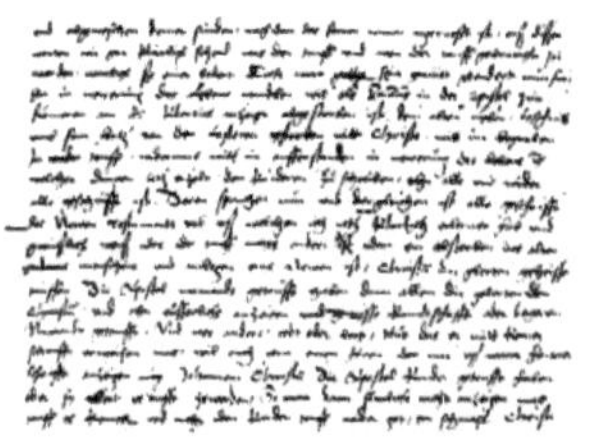

Faksimile der von Manz verfassten Schutzschrift (1524/25) an den Rat der Stadt Zürich

In seiner im Dezember 1524 verfassten *Protestation und Schutzschrift* an die Zürcher Ratsherren stellte Felix Manz seine Position dar und forderte darüber eine schriftliche Auseinandersetzung anhand der Heiligen Schrift. Der Zürcher Rat ging auf diese Forderung nicht ein, sondern verfügte nach einer öffentlichen Disputation Anfang 1525 ein gegen die Täufer gerichtetes Mandat und stellte die Verweigerung der Kindertaufe unter Strafe. Manz und Grebel erhielten ein Lehrverbot. Die Täufer, die am Abend des 21. Januars 1525 zum ersten Mal die Gläubigentaufe vollzogen hatten, widersetzten sich den Anordnungen und erfuhren in den Folgejahren heftige Verfolgungen, denen viele Anhänger der Bewegung als Märtyrer zum Opfer fielen.

Heute betrachten die Reformierten sich selbst und die Täuferbewegung „als Zweige desselben evangelischen Astes am großen christlichen Baum".[2] In einem im Juni 2004 stattgefundenen Gottesdienst im Zürcher Großmünster bekannten die Reformierten, „dass die damalige Verfolgung nach unserer heutigen Überzeugung ein Verrat am Evangelium war und unsere reformierten Väter in diesem Punkt geirrt haben." Im weiteren Verlauf der offiziellen Erklärung heißt es: „Es ist an der Zeit, die Geschichte der Täuferbewegung als Teil unserer eigenen Geschichte zu akzeptieren, von der täuferischen Tradition zu lernen und im Dialog mit den täuferischen Gemeinden das gemeinsame Zeugnis des Evangeliums zu verstärken."[2]

## Merkmale

Die reformierten Kirchen teilen mit den übrigen Kirchen der Reformation wesentliche Prinzipien wie das Priestertum aller Gläubigen und die vier evangelischen Grundsätze sola scriptura *(allein die Schrift)*, solus Christus *(allein Christus)*, sola gratia *(allein durch Gnade)* und sola fide *(allein durch Glauben)*. Wie in den meisten übrigen protestantischen Kirchen erkennen die Kirchen der reformierten Tradition mit Taufe und Abendmahl zwei Sakramente an.

Im Unterschied zur lutherischen Tradition wird in reformierten Kirchen das Abendmahl jedoch als reines Gedächtnismahl verstanden. Die Vorstellung einer Realpräsenz wird abgelehnt. Brot und Wein gelten dementsprechend als Zeichen für die reale Präsenz Jesu Christi, nicht jedoch als Materialisierung dieser Präsenz. Eine Wandlung der Elemente Brot und Wein in Leib und Blut wird nicht geglaubt. Statt eines Altars befindet sich in reformierten Kirchen in der Regel ein Abendmahlstisch. Auch die lutherische Zwei-Reiche-Lehre wird in reformierten Kirchen nicht gelehrt. Im Unterschied zu einigen evangelischen Freikirchen praktizieren die reformierten Kirchen die Kindertaufe.

Ein besonderes Merkmal der reformierten Kirchen ist die Betonung der Gleichgewichtigkeit des Alten und des Neuen Testamentes. Aus dem Alten Testament erklärt sich auch die Hervorhebung des Bilderverbotes, was sich in der relativen Nüchternheit reformierter Kirchengebäude wiederfindet. Kruzifixe oder größere Ausschmückungen werden in der Regel abgelehnt. Die reformierte Liturgie ist ebenfalls relativ schlicht und auf die Predigt bzw. Verkündigung des Wortes Gottes zugeschnitten. Entsprechend ist die Kanzel in den meisten reformierten Kirchengebäuden zentral angebracht. Kennzeichnend sind auch die schlicht gehaltenen sogenannten Genfer Psalter. Wechselgesänge gibt es in der Regel nicht.

Die reformierten Kirchen im deutschsprachigen Raum sind meist presbyterial-synodal organisiert. Die Pfarrstellen werden nicht von Kirchenleitungen, sondern direkt durch die Gemeinden oder die Gemeindevorstände besetzt. Entsprechend ihren Kirchenverfassungen bildeten sich im anglo-amerikanischen Raum presbyterianische und kongregationalistische Kirchen heraus.

Stark prägend für die reformierte Konfession ist der Calvinismus, der sich unter anderem durch die Prädestinationslehre und eine strenge Kirchenzucht kennzeichnet. In Auseinandersetzungen mit der Prädestinationslehre entwickelten sich innerhalb der reformierten Kirche auch Gegenpositionen wie die niederländischen Remonstranten, die schließlich aus der Reformierten Kirche ausgeschlossen wurden. Die ebenfalls auf Calvin zurückgehende reformierte Ämterlehre kennt innerhalb der einzelnen Gemeinde die Ämter Pastor, Lehrer, Ältester (Presbyter) und Diakon.

## Gottesdienst

Äußeres Charakteristikum reformierter Kirchen ist in vielen Fällen die Sparsamkeit der Kirchenausstattung, oft besteht der einzige Schmuck in Bibelversen. Liturgisch fällt die Vorrangstellung des *Wortes* auf; so kannte der Gottesdienst in Zürich zur Zeit Zwinglis keine Gesänge, Calvin führte den Psalmengesang ein, was zum weit verbreiteten „Genfer Psalter“, einer Sammlung von Nachdichtungen der biblischen Psalmen, führte.

Das Abendmahl ist eine Erinnerungsfeier und wird in der Regel nur einige Male im Jahr an hohen Festtagen gefeiert.

Ein wesentlicher Unterschied zu den Lutheranern ist das Verhältnis zur kirchlichen Tradition, von der Zwingli und Calvin nur das beibehielten, was biblisch ausdrücklich begründet ist, während Luther alles zuließ, was der Bibel nicht widersprach.

## Bekenntnisse

Die wichtigsten deutschsprachigen reformierten Dokumente des 16. Jahrhunderts sind das Zweite Helvetische Bekenntnis und der Heidelberger Katechismus. Dieser Katechismus dokumentiert die innerreformierte Spaltung: Während sich im Gefolge von Zwinglis Theologie in Zürich, Bern, Basel und anderen Orten eine sehr enge Verzahnung von politischer und geistlicher Führung herausbildete, arbeitete Calvin in seiner Institutio Christianae Religionis eine biblisch begründete Kirchenordnung heraus, die die Ämter von Presbyter und Pfarrer als Gemeindeleitung sowie daneben die Ämter des Diakons und des Lehrers kennt; zudem wird die Kirchenzucht betont, die den Presbytern obliegt.[3]

Weitere bedeutende reformierte Bekenntnisse sind die Lehrregeln von Dordrecht und das Bekenntnis von Westminster.

Die meisten reformierten Kirchen Europas beteiligen sich an der Gemeinschaft Evangelischer Kirchen in Europa und haben sich die Leuenberger Konkordie zu eigen gemacht.

## Väter der Reformierten Kirche

Besonders bedeutende reformierte Theologen des 16. Jahrhunderts waren:

**Zürcher Richtung**:

- Ulrich Zwingli
- Heinrich Bullinger
- Johannes Oekolampad
- Martin Bucer

**Genfer Richtung**:

- Guillaume Farel
- Johannes Calvin

- Theodor Beza

**Kurpfalz**:

- Zacharias Ursinus

**Schottland**:

- John Knox

## Heutige Reformierte Kirchen

- Weltgemeinschaft Reformierter Kirchen

### Landeskirchen

- Schweizer Reformierte Kirchen
- Niederländische reformierte Kirchen
- Evangelisch-reformierte Kirche (als Landeskirche in der EKD)
- Lippische Landeskirche (vorwiegend reformiert; als Landeskirche in der EKD)
- Church of Scotland

### Minderheitskirchen

- Evangelisch-altreformierte Kirche in Niedersachsen
- Bund Evangelisch-reformierter Kirchen Deutschlands
- Presbyterianische Kirchen
- Evangelische Kirche H.B. in Österreich
- Reformierte Kirche in Ungarn
- Reformierte Kirche von Frankreich
- Reformierte Kirche in Rumänien
- Reformierte Kirche in Transkarpatien

## Literatur


- Eberhard Busch: *Reformiert. Profil einer Konfession.* TVZ, Zürich 2007, ISBN 978-3-290-17441-5.
- Carter Lindberg: *The European Reformations.* 2. Auflage. Wiley-Blackwell, Malden MA u. a. 2010 ISBN 978-1-4051-8067-2.
- Andrea Strübind: *Eifriger als Zwingli. Die frühe Täuferbewegung in der Schweiz.* Duncker & Humblot, Berlin 2003, ISBN 3-428-10653-9 (Zugleich: Heidelberg, Univ., Habil.-Schr., 2001).


## Weblinks

- Weltgemeinschaft Reformierter Kirchen [4]
- Reformiertes Internetportal für den deutschsprachigen Raum [5]

## Einzelnachweise

[1] Zum Ganzen vgl. Matthias Reuter: *Wurstessen – das Fastenbrechen 1522.* (http://zh.ref.ch/content/e3/e1939/e10912/e11125/index_ger.html)

[2] Reformierte Landeskirche des Kantons Zürich: *Reformierte und Täufer. Meilensteine auf dem Weg der Versöhnung* (30. Juni 2004) (http://www.livenet.ch/neuigkeiten/kirchen_gemeinden_werke/116550-reformierte_und_taeufer_meilenstein_auf_dem_weg_der_versoehnung.html); eingesehen am 23. November 2010

[3] Die Fragen 82–85 des Heidelberger Katechismus (http://www.ubf-net.de/heidelberg/hdkat/hdkat2f.htm#82) haben bedeutende Folgen bei Paul Schneider.

[4] http://www.reformedchurches.org/
[5] http://www.reformiert-online.net/

# Römisch-katholische_Kirche

| Oberhaupt | |
|---|---|
|  Papst Benedikt XVI. | |
| **Basisdaten** | |
| Oberhaupt: | Papst Benedikt XVI. (Joseph Ratzinger) |
| Mitglieder: | 1.181.000.000 (Stand: 2009) [1] |
| Priester: | 408.000 (Stand: 2009) |
| Ordensleute: | 815.237 (Stand: 2008) |
| Anschrift: | Via della Conciliazione 54<br>SCV-00120 Vatikanstadt |
| Website: | www.vatican.va [2] |

Die **römisch-katholische Kirche**, Selbstbezeichnung **katholische Kirche** (griech. καθολικός, *katholikos*, „allgemein, über alles beziehungsweise alle herabkommend, allgemeingültig"), ist die zahlenmäßig größte Kirche innerhalb des Christentums.[3] Sie umfasst 23 Teilkirchen mit eigenem Ritus, darunter die nach Mitgliederzahl größte lateinische Kirche und die unierten Ostkirchen. Mit den anglikanischen, den altkatholischen und den orthodoxen Kirchen teilt die katholische Kirche alle sieben Sakramente einschließlich des Weiheamtes, aufgegliedert in Bischof, Priester und Diakon (Klerus). Unterscheidendes Merkmal ist die Anerkennung des Primats des römischen Bischofs über die Gesamtkirche. Der römisch-katholischen Kirche gehören weltweit etwa 1,181 [1] Milliarden Mitglieder an.

## Zur Bezeichnung

Der Begriff „römisch-katholische Kirche" entstand im Gefolge der Reformation zur einfacheren Unterscheidung der gespaltenen christlichen Bekenntnisse. Gemeint ist die katholische Kirche, die den Primat des Papstes anerkennt. Da der römisch-katholische Kirchenbegriff eine konfessionelle Verfassung der Kirche wegen ihrer Singularität nicht kennt, lehnt sie diese Bezeichnung ab. Gleichwohl weisen offizielle Dokumente im ökumenischen Dialog wohl aus Vereinfachungsgründen bisweilen die Bezeichnung „römisch-katholisch" auf. Schließlich weist die Kirche durch die herausragende Stellung des Papstes in Rom ein „römisches" Element auf.

In der Regel bezeichnet sich die römisch-katholische Kirche selbst nur mit „katholische Kirche" oder theologisch gelegentlich ausführlich als „die eine, heilige, katholische und apostolische Kirche". Die Bezeichnung „lateinische Kirche" bezieht sich auf die katholische Kirche des Abendlandes („Westkirche") im Gegensatz zu den unierten Ostkirchen. Daneben wird die Bezeichnung „römisch-katholische Kirche" sowohl in der Literatur als auch in Publikationen kirchlicher Stellen häufig als synonymer Ausdruck für „lateinische Kirche" in der Gegenüberstellung zu den unierten katholischen Ostkirchen – entsprechend „griechisch-katholische Kirchen", „syrisch-katholische Kirche" usw. – verwandt; in diesem Sprachgebrauch bezieht sich „römisch" auf den Ritus und gemeint ist nur die lateinische (westliche) Teilkirche.

Der Petersdom ist eine der wichtigsten Pilgerstätten der römisch-katholischen Kirche.

Im allgemeinen und amtlichen Sprachgebrauch, vor allem in westlichen Ländern, werden die Bezeichnungen „katholische Kirche" und „römisch-katholische Kirche" in der Regel synonym verwendet. In Deutschland ist die Bezeichnung „katholisch" namensrechtlich geschützt und darf ohne unterscheidenden Zusatz als Bezeichnung nur für Einrichtungen und Veranstaltungen der römisch-katholischen Kirche benutzt werden.

Die katholische Kirche versteht sich theologisch als *die* katholische Kirche: Nach ihrer Auffassung kann es nur *eine* katholische, das heißt universelle Kirche Jesu Christi geben, und in ihr selbst ist diese *eine* Kirche auf so einzigartige Weise verwirklicht, dass es keine andere katholische Kirche geben kann.

Dies widerspricht dem Selbstverständnis einer ganzen Reihe von anderen Kirchen, die sich selbst als „katholisch" verstehen, sei es, dass sie sich mit einem der katholischen Kirche ähnlichen Ausschließlichkeitsanspruch als *die* eine, wahre katholische Kirche sehen, sei es, dass sie sich als Teil einer weiter verstandenen katholischen Kirche sehen, die auch weitere konfessionell verfasste Kirchen umfasst. Solche Kirchen verwenden in offiziellen Texten für die katholische Kirche in der Regel auch die Bezeichnung „römisch-katholische Kirche".

Im altkirchlichen Sprachgebrauch war die Selbstbezeichnung *katholikos* immer exklusiv gemeint und schloss konstitutiv die volle Sakramentsgemeinschaft ein.

## Gründung

Die römisch-katholische Kirche beruft sich traditionell auf die Gründung durch Jesus Christus selbst, insbesondere auf das so genannte „Felsenwort" an den Apostel Petrus (Mt 16,18-19 [4]). Ob historisch tatsächlich von einem eigentlichen Kirchengründungsakt Jesu Christi ausgegangen werden kann, ist auch unter römisch-katholischen Theologen umstritten. Meist wird in heutiger Ekklesiologie ein Zusammenwirken von vorösterlichen Wurzeln (Jesu endzeitliche Sammlung des Gottesvolkes), einem österlichen Impuls (Kirche als Gemeinschaft derer, die dem auferstandenen Jesus Christus nachfolgen) und pfingstlicher Geistgabe (Kirche als Gemeinschaft, in der der Heilige Geist gegenwärtig ist) als Ursprung der Kirche angesehen.

Um die Jahre 30 bis 33 wird daher von der Entstehung der ersten Gemeinden, also der Urkirche, ausgegangen. Die römisch-katholische Kirche betrachtet sich mit dieser Urkirche in ununterbrochener Kontinuität stehend und nimmt auch die direkte Gründung durch Jesus Christus in Anspruch. Sie sieht diesen Zusammenhang institutionell, insofern die christliche Gemeinde von Rom traditionell als Gründung des Apostels Petrus angesehen wird, und der Papst als Bischof von Rom direkter Nachfolger Petri ist.

Das Selbstverständnis als mit der Urkirche in ununterbrochener Tradition stehend ist keine römisch-katholische Besonderheit, auch andere christliche Konfessionen berufen sich auf diese Tradition. Inwiefern dieses Selbstverständnis berechtigt ist oder nicht, war lange Zeit Gegenstand polemischer Kontroversen unter den Konfessionen und ist heute ein wesentlicher Punkt des ökumenischen Dialogs.

## Geschichtliche Herleitung der Struktur

Ein Bischof (v. griech. ἐπίσκοπος „Hüter, Aufseher") ist seit circa 100 n. Chr. Vorsteher der katholischen Gemeinde in einer Stadt und den umliegenden Dörfern. Der Bereich eines Bischofs heißt Bistum oder Diözese (v. griech. διοίκησις „Verwaltung"), die Stadt ist der Bischofssitz. Als Deutschland christianisiert wurde, gab es keine Städte, daher wurden die Diözesen große ländliche Bezirke. Noch heute sind die Diözesen hier viel größer als beispielsweise in Italien, wo es schon in der Antike größere Städte gab.

In den ersten drei Jahrhunderten bildeten sich die Kirchenprovinzen heraus. Eine Kirchenprovinz umfasst mehrere Diözesen, ihr Vorsteher heißt Metropolit. Der Sitz eines Metropoliten ist die Metropole (v. griech. Μητρόπολις „Mutterstadt"). Heute haben die Metropoliten der römisch-katholischen Kirche in der Regel den Rang eines Erzbischofs inne und stehen als Metropolitanerzbischof einem Erzbistum vor. Sie führen den Vorsitz in regionalen Bischofskonferenzen (z. B. die Freisinger Bischofskonferenz) und haben weitergehende Befugnisse auch über die dem Erzbistum untergeordneten Suffraganbistümer.

Bis 451 n. Chr. wurden die fünf „wichtigsten" Metropoliten von Rom, Konstantinopel, Alexandria, Antiochia und Jerusalem zu Patriarchen. Der Streit zwischen Rom und Konstantinopel führte dazu, dass sich die westliche Kirche schließlich im großen Morgenländischen Schisma von der östlichen (orthodoxen) trennte.

Das Patriarchat von Rom (oder: des Abendlandes, des Okzidents, der Westkirche) war das einzige westliche der fünf ursprünglichen altkirchlichen Patriarchate. Die übrigen bilden die altkirchlichen orthodoxen Patriarchate. Innerhalb der lateinischen Kirche gibt es zurzeit vier Patriarchen. Drei von ihnen stehen Diözesen mit Patriarchalsitz vor, einer steht als Erzbischof einem Erzbistum vor (vgl. ausführlich römisch-katholische Patriarchate).

Von den Patriarchen des Lateinischen Ritus (außer Jerusalem) sind die Patriarchen der mit Rom unierten Kirchen der östlichen Riten zu unterscheiden, die als Oberhaupt ihrer Kirchen eigenen Rechts (sui iuris) über die Ehrenrechte hinausgehende Vollmachten besitzen (Eigene Jurisdiktion). Eine gleiche Stellung wie die Patriarchen – bis auf den Ehrenvorrang – haben die Großerzbischöfe als Oberhäupter einiger unierter Kirchen.

Einige östliche Bistümer haben sich im Laufe der Geschichte mit Rom versöhnt (uniert), meist unter dem Einfluss weltlicher Herrscher wie etwa in Siebenbürgen und der Ukraine. Bis auf die syro-maronitische und die italo-albanische Kirche lassen sich alle unierten Kirchen einer orthodoxen oder orientalischen Herkunftskirche zuordnen, von der sie sich mit der Unterordnung unter den Papst abgespalten haben. Bedingt durch diese historischen Entwicklungen gibt es heute an manchen Orten mehrere Bischöfe, etwa einen orthodoxen Bischof, einen Bischof der mit Rom unierten Kirche und einen lateinischen Bischof. Die unierten Kirchen haben den Ritus ihrer Herkunftskirchen in der Regel behalten und werden entsprechend bezeichnet. So heißen beispielsweise Kirchen, deren byzantinischer Ritus auf die griechische Kultur des antiken Oströmischen Reiches zurückgeht, „griechisch-katholisch".

## Gliederung in Teilkirchen unterschiedlicher Riten

Die katholische Kirche besteht aus 23 Teilkirchen eigenen Rechts (eigener Ritus), deren weitaus größte die Lateinische ist. Die übrigen 22 Teilkirchen erstrecken sich auf die anderen Ritenfamilien; es sind andere Kirchen oder deren Teile, die sich im Laufe der letzten 1000 Jahre mit Rom versöhnt haben, ihren historisch gewachsenen Ritus aber beibehalten haben. Die Maroniten besitzen einen eigenständigen Ritus und sind als Ganze mit Rom uniert.

Äußeres Merkmal der Zugehörigkeit zur katholischen Kirche ist neben der gemeinsamen Glaubenslehre die Anerkennung des päpstlichen Primats, das heißt der spirituellen und juristischen Leitungsfunktion des Papstes. Dieser übt jedoch nur über die Lateinische Kirche patriarchale Gewalt aus; die übrigen Teilkirchen haben meist eigene Patriarchen oder Großerzbischöfe mit abweichender Jurisdiktion.

Nach dem Annuario Pontificio 2008 gibt es in der katholischen Kirche die folgenden Teilkirchen:

**Römischer Ritus:**

1. Lateinische Kirche

**Konstantinopolitanischer oder Byzantinischer Ritus:**

1. Albanisch-katholische Kirche
2. Bulgarisch-katholische Kirche
3. Griechische griechisch-katholische Kirche
4. Italo-albanische Kirche
5. Kirche der Byzantiner der Eparchie Križevci *(Kroatien, etc.)*
6. Mazedonisch-katholische Kirche
7. Melkitische griechisch-katholische Kirche
8. Rumänische griechisch-katholische Kirche
9. Russische griechisch-katholische Kirche
10. Ruthenisch griechisch-katholische Kirche
11. Slowakische griechisch-katholische Kirche
12. Ukrainische griechisch-katholische Kirche
13. Ungarische griechisch-katholische Kirche

**Alexandrinischer Ritus:**

1. Koptisch-katholische Kirche
2. Äthiopisch-Katholische Kirche

**Antiochenischer oder Westsyrischer Ritus:**

1. Maroniten
2. Syrisch-katholische Kirche
3. Syro-Malankara Katholische Kirche

**Armenischer Ritus:**

1. Armenisch-katholische Kirche

**Chaldäischer oder Ostsyrischer Ritus:**

1. Chaldäisch-katholische Kirche
2. Syro-Malabarische Kirche

Bei der Zuordnung der Lateinischen Kirche zum römischen Ritus ist zu beachten, dass in ihr örtlich auch einige andere, dem römischen eng verwandte Riten gepflegt werden, so der ambrosianische, der dominikanische oder der mozarabische.

Die kasachische griechisch-katholische Kirche und die weißrussische griechisch-katholische Kirche stellen keine Teilkirchen dar, da für sie keine eigene Hierarchie eingerichtet wurde. Dennoch bilden sie jeweils eine besondere Ritus-Gemeinschaft.

# Volk Gottes

Das Zweite Vatikanische Konzil bezeichnete die Gemeinschaft der Glaubenden in der Kirche als das *Volk Gottes*.[5] In diese Gemeinschaft wird man durch die Taufe aufgenommen, die nach Lehre der Kirche dem Täufling ein unauslöschliches Siegel einprägt.[6] Jeder Katholik hat durch Taufe und Firmung Anteil an der Sendung der Kirche in die Welt (Laienapostolat).[7] Ungeachtet des besonderen Dienstes einiger Mitglieder der Kirche als Lehrer oder Hirten erkennt das Konzil eine „wahre Gleichheit in der allen Gläubigen gemeinsamen Würde und Tätigkeit zum Aufbau des Leibes Christi. Der Unterschied, den der Herr zwischen den geweihten Amtsträgern und dem übrigen Gottesvolk gesetzt hat, schließt eine Verbundenheit ein, da ja die Hirten und die anderen Gläubigen in enger Beziehung miteinander verbunden sind."[8]

## Hierarchie

Peter Paul Rubens: *Petrus als Papst* mit den „Schlüsseln des Himmelreiches"

Als unverzichtbares Strukturelement wird das Petrusamt mit seinem Primatsanspruch angesehen, das gemäß katholischer Lehre von Petrus (Mt 16,18-19 [4]) auf alle seine Nachfolger im römischen Bischofsamt übergeht. Die katholische Kirche ist hierarchisch strukturiert; unter „Hierarchie" versteht man dabei die feste Struktur, gemäß der die Kirche durch geweihte Amtsträger geführt wird. In der katholischen Kirche ist das Weihesakrament den Männern vorbehalten (vgl. auch Frauenordination). Der Ortsbischof, der als örtlich verantwortlicher Teil der Hierarchie in den Ostkirchen denn auch „Hierarch" heißt, hat dabei für seinen Bereich die Leitungs-, Lehr- und Heiligungsgewalt. An allen drei Gewalten sind Kleriker sowie in eingeschränktem Maße besonders beauftragte Laien beteiligt.

Die höchste Autorität der Weltkirche hat sowohl der Papst, wie auch das Bischofskollegium.

Der Papst ist Haupt des Bischofskollegiums und übt höchste, volle, unmittelbare und universale Jurisdiktion über die ganze Kirche aus. In seiner Rechtsausübung ist er nicht beschränkt (can. 331 CIC). Diese Gewalt wird auch als Primatialgewalt bezeichnet. Der Papst wird in seinen Aufgaben von der Bischofssynode und dem Kardinalskollegium beraten. Daneben existiert die Kurie als maßgebliches Organ für die Regierung der Kirche.

Das Kollegium aller Bischöfe ist Rechtssubjekt[9]. Nach neuerem Kirchenrecht ist es immer, also nicht nur während eines ökumenischen Konzils, Träger von Leitungsgewalt. Das Zweite Vatikanische Konzil und der CIC von 1983 schreiben dem Bischofskollegium höchste und volle Gewalt im Hinblick auf die ganze Kirche zu, die es gemeinsam mit dem Papst als dem Haupt des Bischofskollegiums ausübt. Eine Ausübung der Gewalt gegen den Papst ist dagegen nicht möglich.

Das *Ökumenische Konzil* ist eine Versammlung, auf der das Bischofskollegium seine Gewalt über die ganze Kirche in feierlicher Weise ausübt (can. 337 CIC). Ökumenische Konzilien müssen vom Papst einberufen werden, der das Präsidialrecht ausübt. Zudem brauchen die Beschlüsse die Zustimmung des Papstes, um gültig zu sein. Teilnahmeberechtigt sind in ordentlicher Weise alle, die die Bischofsweihe empfangen haben. Daneben sind in außerordentlicher Weise teilnahmeberechtigt jene, die von der höchsten Autorität zum Konzil berufen werden[10]. Die Berechtigung verpflichtet gleichzeitig zur Teilnahme.

Die höchste und volle Gewalt des Bischofskollegiums kommt nach can. 337 § 2 CIC auch durch kollegiale Beschlussfassung der an ihrem Ort verbliebenen Bischöfe zum Ausdruck („*Fernkonzil*"). Hier sind die Beschlüsse nur wirksam, wenn sie anschließend vom Papst promulgiert wurden. Im Gegensatz zum Ökumenischen Konzil ist jedoch keine Initiative des Papstes notwendig.

Unterhalb der höchsten Autorität der Weltkirche sind Teilkirchenverbände die im Verfassungsrecht der Kirche vorgesehenen Zusammenschlüsse von Teilkirchen (v.a. Diözesen). Sie dienen als Ausdruck der *Communio Ecclesiarum* dem Verhältnis von Gesamtkirche und Teilkirche[11]. Das Kirchenrecht behandelt unter den Kanones 432 bis 434 nur die Kirchenprovinz und die Kirchenregion, da nur diese Einrichtungen Rechtspersönlichkeit besitzen. Darüber steht jedoch die Bischofskonferenz, deren Gebiet jedoch nicht über Rechtspersönlichkeit verfügt.

Die *Bischofskonferenz* ist eine ständige Einrichtung der Bischöfe einer Nation, in der diese besondere Aufgaben gemeinsamen beraten und beschließen. Für diese Ebene der Kirchenverfassung ist zudem die Einberufung eines Plenarkonzils möglich. Die Orientalischen Teilkirchen verfügen nicht über eine solche Einrichtung[12].

Die *Kirchenregion* ist eine mögliche Zwischengliederung zwischen dem Gebiet einer Bischofskonferenz und einer Kirchenprovinz (can. 433 § 1 CIC). Auch diese Form ist im Recht der orientalischen Teilkirchen nicht vorgesehen.

Die *Kirchenprovinz* ist ein mehrere Teilkirchen umfassender Verband, dem ein Metropolit vorsteht. Auf der Ebene einer Kirchenprovinz kann ein Provinzialkonzil einberufen werden. Bis auf wenige Ausnahmen sind alle Teilkirchen in Kirchenprovinzen zusammengefasst. Rechtlich fassbare Befugnisse über die Teilkirchen besitzt der Metropolit jedoch nur in sehr eingeschränkter Weise.

Teilkirchen sind vor allem die Diözesen, aber auch deren Ersatzformen wie die Gebietsprälatur, die Territorialabtei, das Apostolische Vikariat, die Apostolische Präfektur und die Apostolische Administratur. Daneben kann es personal umschriebene Teilkirchen - sog. Personalprälaturen - geben, gegenwärtig das Opus Dei, die Militärordinariate und die Ap. Personaladministration in Campos.

Jeder Diözese steht ein Bischof vor, der als solcher Nachfolger der Apostel ist. Ihm kommt über seine Teilkirche die ganze Gewalt zu, mit Ausnahme dessen, was von der höchsten kirchlichen Autorität einer übergeordneten Instanz zugewiesen wurde[13]. Die Amtsgewalt der Bischöfe leitet sich nach can. 381 § 1 nicht vom Papst ab, die Bischöfe sind also keineswegs bloß „örtliche Vertreter des Papstes“, sondern eigenberechtigte Leiter ihrer Teilkirche. Die bischöflichen Leiter einer Diözese werden präzisierend als Diözesanbischöfe bezeichnet, im Unterschied zu all jenen, die nur die Bischofsweihe empfangen haben, nicht aber eine Diözese leiten. Diese werden als Titularbischöfe bezeichnet und erhalten eine untergegangene Diözese als Titularbistum. Den Diözesanbischöfen rechtlich gleichgestellt ist jeder andere ordentliche Vorsteher einer Teilkirche, also alle Territorialäbte und -prälaten, Apostolische Vikare, Apostolische Präfekten und Apostolische Administratoren. Im Unterschied zu Bischöfen leiten letztere aber ihre Gewalt aus der päpstlichen Ermächtigung ab und könnten somit tatsächlich als dessen örtliche Vertreter bezeichnet werden.

Jede Teilkirche muss in Pfarreien untergliedert sein (can. 374 § 1 CIC). Ihr ist ein Priester als Pfarrer zuzuordnen. Neben territorial abgegrenzten Pfarreien gibt es in begrenzter Form auch Personalpfarreien, so etwa die Gemeinden für Katholiken anderer Muttersprache. Hinzu kommt die Kategorialseelsorge, also die Tätigkeit in Krankenhäusern, Schulen, Militärseelsorge, Jugendarbeit, Gefängnissen, Kurseelsorge. Auch die katholischen Hochschulgemeinden sind hier zu nennen.

Ein Verband von Pfarreien kann zu einem *Dekanat* zusammengefasst sein, dessen Vorsteher Dechant (auch: Dekan, Erzpriester) heißt. Der Dechant ist meistens ein Pfarrer des Dekanats, kirchenrechtlich muss er nur Priester sein. Er wird in der Regel durch den Ortsbischof und auf Zeit ernannt.

Für alle drei Weihestufen des Klerus – Bischof, Priester und Diakon – ist in der lateinischen Kirche der Zölibat regelmäßig vorgeschrieben. Eine Ausnahme bildet der Ständige Diakonat, der nach dem Zweiten Vatikanischen Konzil wiedereingeführt wurde. Eine Heirat ist jedoch nur vor der Weihe zum Ständigen Diakon möglich. In den unierten Kirchen gelten zum Teil andere Regelungen. Für das Bischofsamt wird der Zölibat verlangt, so dass Bischöfe zumeist dem Mönchsstand entstammen.

## Kirchliche Vereinigungen

Das Kirchenrecht anerkennt verschiedene Formen des geweihten Lebens, neben den Instituten des geweihten Lebens auch Eremiten oder Anachoreten (CIC, Can. 603) und geweihte Jungfrauen (Can. 604). Abgesehen von Priestermönchen gehören die Mitglieder der verschiedenen Formen des geweihten Lebens nicht der Hierarchie an und werden nicht von der Kirche finanziell unterhalten.

Darüber hinaus gibt es auch zahlreiche Laiengemeinschaften, die vom Päpstlichen Rat für die Laien betreut werden. Hierzu zählen vor allem die zahlreichen geistlichen Gemeinschaften. Ebenso finden sich zahlreiche Jugendverbände; in Deutschland sind die meisten davon im Bund der Deutschen Katholischen Jugend (BDKJ) organisiert.

## Zahlen zur römisch-katholischen Kirche

| Land | Stand | Mitglieder | Anteil | Gottesdienstbesucher (Sonntagsmesse) | Anteil |
|---|---|---|---|---|---|
| Deutschland [14] | 2010 | 24651001 | 30,2 % | 3103000 | 12,6 % |
| Österreich [15] | 2008 | 5579493 | 66,8 % | 714203 | 12,8 % |
| Polen [16] | 2008 | 35000000 | 95,0 % | 15705000 | 44,8 % |
| Schweiz [17] | 2000 | 3047887 | 41,8 % | | |
| Niederlande [18] | 2008 | 4269000 | 25,9 % | 196000 | 7,1 % |
| Liechtenstein | | 26122 | 78,4 % | | |

# Glaubensinhalte

Das Zweite Vatikanische Konzil hat betont, dass die kirchlichen Glaubensinhalte von unterschiedlichem Gewicht sind: „Beim Vergleich der Lehren miteinander soll man nicht vergessen, dass es eine Rangordnung oder ‚Hierarchie' der Wahrheiten innerhalb der katholischen Lehre gibt, je nach der verschiedenen Art ihres Zusammenhangs mit dem Fundament des christlichen Glaubens."[19]

- Dreifaltigkeit: Gott ist in drei Personen einer: Jesus Christus ist als Sohn Gottes eines Wesens mit Gott, dem Vater und Schöpfer der Welt, und wird mit ihm zusammen und dem Heiligen Geist als ein Gott angebetet und verherrlicht (siehe Menschwerdung Gottes). Durch den Tod am Kreuz und seine Auferstehung hat die zweite göttliche Person, der Sohn Gottes, die Sünden der Welt auf sich genommen und den Weg der Erlösung aus Sünde und Tod für alle Menschen geöffnet.
- Gottes Wirken in der Welt: Gott ist nicht nur der Schöpfer, sondern greift aus Liebe zu jedem einzelnen Menschen aktiv in die Welt ein (Erlösungshandeln); sein Wirken ist gemäß der Theodizee-Frage jedoch nach menschlichen Maßstäben nicht komplett begreifbar.
- Die katholische Kirche sieht sich in der Nachfolge der Apostel, deren Glaubensbekenntnis sie in der Kraft des Heiligen Geistes durch die Zeiten bewahrt, vertieft und angesichts neuer Fragestellungen klärt. Diese Tradition der Kirche, deren wichtigster und deshalb eigenständig genannter („die Heilige Überlieferung und die Heilige Schrift"), aber nicht einziger Teil die Bibel ist, bildet ihre Lehrgrundlage. Die apostolische Sukzession ist der Garant für die Apostolizität der Kirche sowie für die Bewahrung der Tradition. Sie besagt, dass die Bischöfe durch eine ununterbrochene Kette von Handauflegungen in der Nachfolge der Apostel stehen.
- Sakramente:

Gott schenkt nach katholischer Lehre den Menschen das Heil durch die Sakramente. Die katholische Kirche kennt sieben Sakramente: Taufe, Firmung, Eucharistie, Beichte, Krankensalbung, Weihesakrament und Ehe. Mit Ausnahme der Taufe, die in Todesgefahr von jedem Menschen, der beabsichtigt, das zu tun, was die Kirche tut, gespendet werden kann, können die Sakramente nur in der und durch die Kirche vermittelt werden.

Die Jungfrau Maria mit Engeln, Gemälde von William Adolphe Bouguereau

- Endgericht und Leben nach dem Tod (Eschatologie): Die katholische Kirche erwartet das Wiederkommen Christi in Herrlichkeit und das Gericht über alle Menschen. Maßstab des Gerichts wird der Glaube und die nach dem Maß der Gaben verwirklichten guten Werke sein. Die Erlösten empfangen ewiges Leben in Gottesnähe („Schau“ Gottes von Angesicht zu Angesicht, himmlisches Hochzeitsmahl). Jedem Menschen droht bei der Abkehr von Gott die ewige Verdammnis in der Hölle.
- Marien- und Heiligenverehrung: Menschen, die ihr Leben auf Christus hin geführt haben, können anderen Glaubenden als Vorbilder dienen. Unter den Heiligen dient besonders die Gottesmutter Maria als Vorbild, sie wird unter anderem als „Urbild der Kirche“ verehrt. Die Heiligen gelten als Fürsprecher bei Gott, da man davon ausgeht, dass sie sich bereits in der Gemeinschaft mit Gott befinden. Die universale Heilsmittlerschaft Christi, auf den alle Heiligen verweisen, wird dadurch nicht in Frage gestellt, sondern unterstrichen. Die Prozesse der Selig- und Heiligsprechung der katholischen Kirche sind sehr umfangreich und können mehrere Jahrzehnte dauern. Dies gilt auch für die Anerkennung von Christus-, Marien- und Heiligenerscheinungen, auf die sich die Wallfahrtsorte gründen.
- In der katholischen Kirche sind Bitten für die Verstorbenen üblich. Verstorbenen, die sich noch im Läuterungszustand des Fegefeuers (Purgatorium) befinden, soll hiermit geholfen werden. Auch Ablassgewinnung, nicht nur für die Verstorbenen, gehört deshalb zur religiösen Praxis.

## Morallehre

Die Morallehre der katholischen Kirche ist seit den Anfängen dadurch geprägt, an den Idealen der Bergpredigt festzuhalten und zugleich den Bedingungen der irdischen Realität Rechnung zu tragen. In früheren Jahrhunderten war regelmäßig der Vorwurf zu großer Laxheit Grund für Kritik und manchmal Begründung für Abspaltungen der Montanisten, Novatianisten, Donatisten, Katharer und Waldenser. Heute entzündet sich die Kirchenkritik meist an zu hohen und schwierigen Idealen, gepaart mit dem Vorwurf der Heuchelei und Doppelmoral, so zum Beispiel in Bezug auf Sexualität, aber auch auf eklektische und inkonsistente Auslegung der Bibel in Bezug auf Moral sowie inkohärente Anwendung dessen, was als Morallehre der katholischen Kirche bezeichnet wird. Im Rahmen des Bekanntwerdens von Missbrauchsfällen in römisch-katholischen Einrichtungen nahm diese Kritik zu.

Der Bergpredigt folgend sind die zentralen katholischen Wertsetzungen Liebe, Wahrheit, Gewaltlosigkeit, Besitzverzicht, Gerechtigkeit, Treue, Keuschheit. Die Umsetzung in kirchliches und, wo möglich, staatliches Recht geschieht in immer neuen Anläufen und unter innerkirchlichen und gesellschaftlichen Konflikten.

Lange waren Themen wie Eid, Wehrpflicht oder Kapitalismus umstritten. Hier ist die katholische Morallehre traditionell eher kompromissbereit.

Seit etwa 1968 steht mit der Enzyklika *Humanae Vitae* zeitgleich mit den soziokulturellen Umwälzungen fast ausschließlich die Ehe- und Sexualmoral im Mittelpunkt der Beachtung und Auseinandersetzung. Das kirchliche Lehramt hat sich immer wieder eindeutig im Sinn der Zusammengehörigkeit von Sexualität, lebenslanger Treue und Fortpflanzung und damit gegen Ehescheidung, künstliche Empfängnisverhütung und die Gleichwertigkeit der Homosexualität ausgesprochen.

Noch größere Bedeutung kommt dem Lebensschutz zu, weshalb Abtreibung, Sterbehilfe, Klonen, Todesstrafe, Eugenik und Angriffskrieg abgelehnt werden.

Einige Dogmen und Doktrinen der Kirche sind aber auch innerkirchlich seit dem Zweiten Vatikanischen Konzil umstritten. Die katholische Moraltheologie vertritt die Ansicht, dass die Werte des Evangeliums dem Naturrecht nicht widersprächen, sondern dessen letzter und höchster Ausdruck seien.

### Kirchengebote

Die Kirche lehrt die Weisungen der Kirche (Kirchengebote) um das Verhältnis des Gläubigen zur Gemeinschaft der Kirche zu regeln. Die fünf Kirchengebote umfassen den Besuch der sonntäglichen Messfeier, dem regelmäßigen Empfang der Sakramente der Buße und der Eucharistie, dem Fasten am Freitag und der (materiellen) Unterstützung der Kirchengemeinde.[20]

## Ökumene

Zu Beginn des 20. Jahrhunderts stand die römisch-katholische Kirche der entstehenden ökumenischen Bewegung ablehnend gegenüber, so etwa in der Enzyklika Mortalium animos von Papst Pius XI. aus dem Jahr 1928. Kirchliche Einheit wurde im Sinne einer Rückkehr-Ökumene als Konversion der anderskonfessionellen Menschen zur römisch-katholischen Mutterkirche verstanden. Vor dem Zweiten Vatikanischen Konzil gab es sowohl Bestrebungen, diese Haltung weiter zu stärken – so etwa die Enzyklika Mystici corporis von Papst Pius XII. aus dem Jahr 1943 -, als auch Tendenzen zur ökumenischen Öffnung. Mit der Errichtung des Sekretariates zur Förderung der Einheit der Christen und der Berufung von Augustin Kardinal Bea zu dessen Präsidenten erreichte Papst Johannes XXIII., dass das ökumenische Anliegen auf dem Vatikanum II zu einem wichtigen Thema wurde. Das Ökumenismusdekret Unitatis redintegratio des Konzils bildet eine Abkehr von der Rückkehr-Ökumene und schafft die Grundlage für eine Beteiligung der römisch-katholischen Kirche an der ökumenischen Bewegung.

Heute wird die Verständigung und der Austausch mit anderen christlichen Glaubensgemeinschaften gesucht und gepflegt, insbesondere mit den östlich-orthodoxen Kirchen, den anglikanischen und alt-katholischen Kirchen sowie den evangelischen Kirchen und Gemeinschaften. Die römisch-katholische Kirche ist zwar nicht Mitglied im Ökumenischen Rat der Kirchen (ÖRK), seit 1965 gibt es aber eine gemeinsame Arbeitsgruppe. Außerdem arbeitet sie in der Kommission für Glauben und Kirchenverfassung als Vollmitglied mit und steht der Kommission für Weltmission und Evangelisation beratend zur Seite. Auf regionaler, nationaler und lokaler Ebene ist die römisch-katholische Kirche Mitglied in zahlreichen ökumenischen Organisationen.

Die katholische Kirche setzt auf den Dialog mit anderen Religionen, wie weltweite religiöse Treffen zeigen, die auf Initiativen des Vatikans zurückgehen.

## Divergenzen im Eucharistieverständnis

Aufgrund ihres Kirchen-, Amts- und insbesondere Eucharistieverständnisses ist die römisch-katholische Kirche gegen Interzelebration und Interkommunion (siehe auch: Lima-Erklärung des ÖRK und Transsubstantiation). Nach katholischer Lehre ist im gewandelten Brot und Wein Jesus Christus mit seinem Leib und Blut wahrhaft gegenwärtig. Diese Auffassung vertreten in unterschiedlicher Ausprägung Orthodoxe, Anglikaner, Altkatholiken, Lutheraner und Methodisten. Die Reformierten lehnen die Realpräsenz ab und sehen im Abendmahl ausschließlich einen symbolischen Erinnerungsakt. Während sich einige dieser Kirchen trotz dieser unterschiedlichen Auffassungen gegenseitig zum Abendmahl einladen beziehungsweise die Eucharistie an alle Getauften, die an seine Gegenwart in den konsekrierten Gaben glauben, austeilen, verpflichtet die römisch-katholische Kirche ihre Mitglieder dazu, die Eucharistie nur innerhalb der eigenen Kirche zu empfangen und erlaubt den Kommunionsempfang von Angehörigen getrennter Konfessionen nur unter besonderen Umständen. Bei bestehender Lebensgefahr darf ein katholischer Priester die Sterbesakramente Mitgliedern anderer Denominationen spenden. Orthodoxen Gläubigen dürfen hingegen die Sakramente der Buße, der Eucharistie und der Krankensalbung stets gespendet werden, wenn diese von sich aus darum bitten und in rechter Weise disponiert sind. 2004 hob Papst Johannes Paul II. in der Enzyklika *Ecclesia de Eucharistia* noch einmal die Bedeutung der Eucharistie als zentrales Glaubensgeheimnis der römisch-katholischen Kirche und für die mit ihr in Glaubens-, Gebets- und Sakramentengemeinschaft stehenden katholischen Kirchen hervor und rief dazu auf, jedem Missbrauch vorzubeugen.[21]

## Verbreitung

Die Katholische Kirche ist in weiten Teilen der Erde verbreitet, v. a. in:

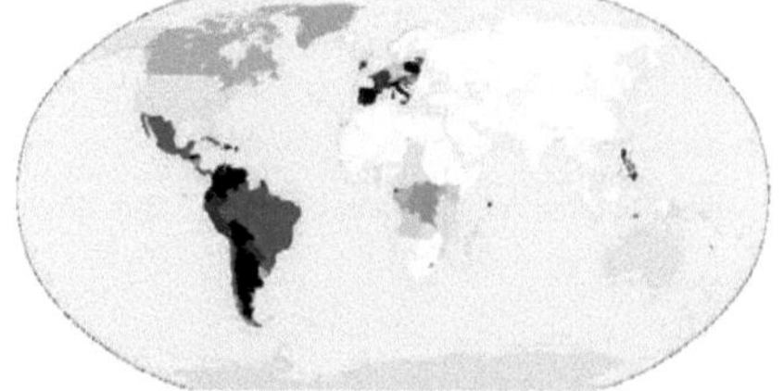
Verbreitung der katholischen Kirche

- in Mittel- und Südamerika
- in Süd– und Südosteuropa: Nordalbanien, Italien, Kroatien, Kosovo, Malta, Slowenien
- in Westeuropa: Spanien, Portugal, Irland, Frankreich, Belgien
- in Nordeuropa: Litauen
- in Mitteleuropa: Teile Süd- und Westdeutschlands, Polen, Österreich, Tschechien, Slowakei, Schweiz, Ungarn
- in Osteuropa: Polen, in einigen Landesregionen Rumäniens
- in einigen Teilen Afrikas: Äquatorialguinea, Angola, Burundi, Demokratische Republik Kongo, Gabun, Kamerun, Madagaskar, Ruanda, Mosambik und Republik Kongo
- in Asien beschränkt sich ihr Einfluss auf die Philippinen, Osttimor, Macau, Palau, Vietnam und Südkorea

Weltweit gibt es 1,17 Milliarden römisch-katholische Christen in 2.945 Diözesen.

Der Zuwachs von 2007 auf 2008 betrug 1,7 %, wodurch die katholische Kirche deutlich schneller gewachsen ist als die Weltbevölkerung, die im gleichen Zeitraum um lediglich 1,1 % anstieg. Der Anteil der Katholiken an der Weltbevölkerung stieg hierdurch ebenfalls und beträgt nun 17,4 %. Die Amerikaner, die 14 Prozent der christlichen Weltbevölkerung ausmachen, stellen 49,8 Prozent der protestantischen Weltbevölkerung. Die Europäer, die einen nur leicht geringeren Anteil an der Weltbevölkerung ausmachen, stellen 25 Prozent der katholischen Weltbevölkerung. Die Asiaten, die rund 61 Prozent der Weltbevölkerung ausmachen, stellen 10,5 Prozent der katholischen Weltbevölkerung.

2008 gab es in der Katholischen Kirche 5.002 Bischöfe und 407.262 Ordens- und Diözesanpriester.

Die Zahl der Studenten in den Diözesan- oder Ordensseminaren betrug 2008 117.024.

Der Anteil am Weltpriestertum betrug in Europa im Jahr 2008 rund 47,1 Prozent der Priester, in Amerika 30 Prozent, in Asien 13,2 Prozent, in Afrika 8,7 Prozent und in Ozeanien 1,2 Prozent.[22] [23] [24]

Die katholische Kirche ist zudem mit etwa 1,2 Millionen Angestellten einer der größten Arbeitgeber weltweit.

## Die katholische Kirche und ihre jeweilige Landesentwicklung

- Katholische Kirche in Ozeanien
  - Katholische Kirche in Australien
  - Katholische Kirche in Neuseeland

## Siehe auch

- Katholizismus
- Kirchenkritik
- Liste der Päpste
- Liste der Seligen und Heiligen
- Sexueller Missbrauch in der römisch-katholischen Kirche

## Literatur


- Winfried Aymans: Artikel *Kirche VI. Kirchenrechtlich*; in: LThK$^3$ 5, Sp. 1478–1479; Freiburg, Basel, Rom, Wien: Herder, 1996; ISBN 3-451-22005-9.
- *Constitutio Dogmatica de Ecclesia / Dogmatische Konstitution über die Kirche* (Lumen Gentium); Text lateinisch-deutsch und Kommentar von Gérard Philips, Aloys Grillmeier, Karl Rahner, Herbert Vorgrimler, Ferdinand Klostermann, Friedrich Wulf und Otto Semmelroth; in: LThK$^2$ 12, S. 137–347; Freiburg, Basel, Wien: Herder, 1966 (=1986; ISBN 3-451-20756-7.)
- *Constitutio Dogmatica de Ecclesia* (Lumen Gentium); in: Acta Apostolicae Sedis 57 (1965), S. 5–75.
- Joachim Drumm, Walter Kasper: Artikel *Kirche II. Theologie- und dogmengeschichtlich*; in: LThK$^3$ 5, Sp. 1458–1466; Freiburg, Basel, Rom, Wien: Herder, 1996; ISBN 3-451-22005-9.
- Walter Kasper: Artikel *Kirche III. Systematisch-theologisch*; in: LThK$^3$ 5, Sp. 1466–1474; Freiburg, Basel, Rom, Wien: Herder, 1996; ISBN 3-451-22005-9.
- Medard Kehl: *Die Kirche. Eine katholische Ekklesiologie*; Würzburg 2001; ISBN 3-429-01454-9.
- Hans Küng: *Kleine Geschichte der katholischen Kirche*, Berlin 2002; ISBN 3-442-76039-9.
- Edward Norman: *Geschichte der katholischen Kirche. Von den Anfängen bis heute*, Stuttgart 2007; ISBN 978-3-8062-2077-3.
- Andreas Sommeregger: *Soft Power und Religion. Der Heilige Stuhl in den internationalen Beziehungen*, Wiesbaden: VS Verlag für Sozialwissenschaften, 2011; ISBN 978-3-531-18421-0


## Weblinks

### Kirche

- Offizielle Webseite des Vatikans [25]
- Katholische Diözesen auf der ganzen Welt [26]
- Römisch-katholische Kirche der Schweiz [27], Österreich [28] und Deutschland [29]
- Bischofskonferenzen in Österreich [30] und Deutschland [31]
- Übersicht und Links zu den katholischen Ordenshäusern [32]
- Kurze Darstellung unierter Kirchen [33]

### Online-Literatur

- *Katechismus der Katholischen Kirche 1997* [34]. Website des Vatikan, deutsche Fassung. Abgerufen am 26. Juni 2011.
- Standardwerke zur katholischen Theologie [35]
- Theologischer Leseraum [36] – Lehramtliche Dokumente und Artikel zur katholischen Theologie
- Kathpedia – katholische Enzyklopädie [37] – Weltanschauung basierend auf dem Katechismus

### Personen

- Personenverzeichnis [38] – Bischöfe in den Diözesen der Welt und Mitarbeiter der Kurie
- Weltweite Übersicht über lebende und verstorbene kath. Würdenträger [39] (englisch)
- Links zum Thema Katholische (Glaubensrichtung) [40] im Open Directory Project

## Einzelnachweise


[1] Zenit: Statistik zum Päpstlichen Jahrbuch 2011 vorgestellt (https://www.zenit.org/article-22569?l=german&utm_campaign=germanweb&utm_medium=article&utm_source=zenit.org/g-22569), 21. Februar 2011. Abgerufen am 28. Februar 2011.

[2] http://www.vatican.va/

[3] *The World Factbook* (https://www.cia.gov/library/publications/the-world-factbook/geos/xx.html). *Central Intelligence Agency*. Abgerufen am 26. September 2011.

[4] http://www.bibleserver.com/go.php?lang=de&bible=EU&ref=Mt16%2C18-19

[5] Dogmatische Konstitution über die Kirche "Lumen gentium" Nr. 9 *Katechismus der Katholischen Kirche* (http://www.vatican.va/archive/DEU0035/_P2D.HTM). Website des Vatikans. Abgerufen am 15. Juli 2011.

[6] *Codex des Kanonischen Rechtes, Ziff. 849* (http://www.vatican.va/archive/DEU0036/__P2U.HTM). Website des Vatikans. Abgerufen am 15. Juli 2011.

[7] *Dogmatische Konstitution über die Kirche Lumen Gentium, Ziff. 31* (http://www.vatican.va/archive/hist_councils/ii_vatican_council/documents/vat-ii_const_19641121_lumen-gentium_ge.html). Website des Vatikans. Abgerufen am 17. Juli 2011.

[8] *Dogmatische Konstitution über die Kirche Lumen Gentium, Ziff. 32* (http://www.vatican.va/archive/hist_councils/ii_vatican_council/documents/vat-ii_const_19641121_lumen-gentium_ge.html). Website des Vatikans. Abgerufen am 4. August 2011.

[9] Aymans - Mörsdorf, Kanonisches Recht II, S. 216

[10] Aymans - Mörsdorf, Kanonisches Recht II, S. 222

[11] Aymans - Mörsdorf, Kanonisches Recht II, S. 271

[12] Aymans - Mörsdorf, Kanonisches Recht II, S. 274

[13] Aymans - Mörsdorf, Kanonisches Recht II, S. 342

[14] http://www.dbk.de/fileadmin/redaktion/Zahlen%20und%20Fakten/Kirchliche%20Statistik/Eckdaten%20des%20Kirchlichen%20Lebens%20in%20den%20Bistuemern%20Deutschlands/Flyer_Eckdaten2010.pdf

[15] *Statistik der katholischen Kirche.* In: *katholisch.at.* (http://www.katholisch.at/site/article_blank.siteswift?do=all&c=gotosection&d=site/kirche/kircheinoesterreich/statistik)

[16] (Polnisch) (http://www.iskk.ecclesia.org.pl/praktyki-niedzielne.htm)

[17] Bundesamt für Statistik (der Schweiz): *Religionszugehörigkeit* (http://web.archive.org/web/20070314205515/http://www.bfs.admin.ch/bfs/portal/de/index/themen/volkszaehlung/uebersicht/blank/kennzahlen0/religionszugehoerigkeit.html)

[18] Statistik der katholischen Kirche in den Niederlanden *Rapportnr. 590 Kerncijfers 2008 uit de kerkelijke statistiek van het Rooms-Katholiek Kerkgenootschap in Nederland* (http://www.ru.nl/kaski/onderzoek/publicaties/)

[19] „Unitatis redintegratio" - Dekret über den Ökumenismus, Nr. 11 ( (http://www.vatican.va/archive/hist_councils/ii_vatican_council/documents/vat-ii_decree_19641121_unitatis-redintegratio_ge.html))

[20] Katechismus der Katholischen Kirche (1993). Nr. 2042 und Nr. 2043, S. 526. München: Oldenbourg

[21] vgl. Ecclesia de Eucharistia, auf Deutsch (http://www.vatican.va/edocs/DEU0210/_INDEX.HTM)

[22] ZENIT - Aktuelle Kirchenstatistik: „Annuario Pontificio" 2010 Papst Benedikt XVI. vorgestellt (http://www.zenit.org/article-19885?l=german)

[23] Annuario Pontificio 2010 « Jobo72's Weblog (http://jobo72.wordpress.com/tag/annuario-pontificio-2010/)

[24] RADIO VATICANA: Presentato l'Annuario Pontificio 2010 al Papa: aumentano i fedeli cattolici e i sacerdoti nel mondo, in particolare in Asia e Africa (http://www.radiovaticana.org/it1/Articolo.asp?c=358511)

[25] http://www.vatican.va/phome_ge.htm

[26] http://www.katolsk.no/utenriks/index_de.htm

[27] http://www.kath.ch/

[28] http://www.katholisch.at/

[29] http://www.katholisch.de/
[30] http://www.bischofskonferenz.at/
[31] http://dbk.de/
[32] http://www.orden.de/
[33] http://www.damian-hungs.de/
[34] http://www.vatican.va/archive/DEU0035/_INDEX.HTM
[35] http://www.stjosef.at/index.htm?dok_standardwerke.php~mainFrame
[36] http://www.uibk.ac.at/theol/leseraum/
[37] http://www.kathpedia.com/
[38] http://www.apostolische-nachfolge.de/
[39] http://www.catholic-hierarchy.org/
[40] http://www.dmoz.org/World/Deutsch/Gesellschaft/Religion_und_Spiritualität/Christentum/Glaubensrichtungen/katholische/

# Griechisch-katholische_Kirche_in_der_Slowakei

Die Bistümer der **griechisch-katholischen Kirche in der Slowakei** sind mit Rom unierte Kirchen des byzantinischen Ritus. Sie sind beginnend mit dem Zerfall der Habsburgermonarchie nach dem Ersten Weltkrieg aus der Ruthenischen Kirche hervorgegangen.

Karte der Bistümer mit Wappen

Heute bestehen drei Bistümer: die Erzeparchie von Prešov (Gründung 1816/1818), die aus dem von 1997 bis 2008 bestehenden Apostolischen Exarchat von Košice entstandene Eparchie Košice und die 2008 neu gegründete Eparchie von Bratislava. Die Mehrheit der Mitglieder der slowakisch griechisch-katholischen Kirche lebt in der Ostslowakei. Die Diözesen unterstehen direkt dem Heiligen Stuhl (Kongregation für die Ostkirchen). Die Erzeparchie von Prešov umfasst den politischen Kreis (Kraj) Prešov, die Eparchie Košice den politischen Kreis (Kraj) Košice und die Eparchie von Bratislava ist für die in der restlichen Slowakei lebenden Mitglieder der slowakisch griechisch-katholischen Kirche zuständig. In der Mittel- und Westslowakei gibt es nur wenige Pfarrgemeinden. Laut der Volkszählung von 2001 gibt es in der Slowakei 219.831 griechisch-katholische Gläubige, das sind 4,1 Prozent der Bevölkerung. Die slowakischen Bistümer des byzantinischen Ritus bilden in zweierlei Hinsicht keine Nationalkirche. Zum einen gehört nur ein kleiner Teil der Slowaken diesen Diözesen an, zum anderen haben sie auch ruthenisch- und (wenige) ungarischsprachige Mitglieder. Die Liturgie wird entweder in kirchenslawischer oder in slowakischer Sprache gefeiert.

Die slowakische Eparchie des byzantinischen Ritus in Ontario (Kanada) mit 5000 Gläubigen steht in keinem näheren organisatorischen Zusammenhang mit der griechisch-katholischen Kirche in der Slowakei. Das kanadische Bistum ist heute sprachlich gemischt (englisch, slowakisch, russinisch, ungarisch).

## Geschichte

*Hinsichtlich der frühen Geschichte siehe Ruthenische Kirche.*

1787 wurde in Košice ein Vikariat des byzantinisch-slawischen Ritus errichtet, das 1792 nach Prešov verlegt wurde. Auf Betreiben des österreichischen Kaisers Franz I. wurde das Vikariat 1816 zu einer eigenständigen Eparchie erhoben. Dies wurde am 22. September 1818 vom Heiligem Stuhl offiziell bestätigt.

In den zwanziger Jahren hatten sich der Vatikan und die Regierung der Tschechoslowakei über die Errichtung einer Metropolie für die griechischen Katholiken verständigt. Das Vorhaben kam aber vor dem Zweiten Weltkrieg nicht mehr zur Ausführung.

1948 übernahmen die Kommunisten in der Tschechoslowakei die Macht und die Situation der Kirchen wurde immer schwieriger. Schon bald nach der kommunistischen Machtübernahme kam es im April 1950 zu einer Synode in Prešov, auf der 5 Priester, darunter Vasil Hopko und eine Anzahl von Laien auf Druck der Kommunisten die Union mit Rom aufkündigten und sich unter die Jurisdiktion der Russisch-Orthodoxen Kirche begaben. Die Bischöfe Pavol Gojdic OSBM und Vasil Hopko wurden gemeinsam mit vielen anderen Geistlichen inhaftiert. Die übrigen konvertierten in der Folgezeit zur Orthodoxie oder wurden nach Tschechien ausgesiedelt. Unter diesem Druck besuchten die meisten Gläubigen römisch-katholische Gottesdienste. Der Prager Frühling, 1968, brachte den Gemeinden dann eine gewisse Erleichterung. Denn nun durften sie frei wählen, ob sie im Verbund mit Moskau verbleiben, oder aber unter die Obhut Roms zurückkehren wollten, was dann auch 205 von 292 taten. Die Griechisch-katholische Kirche war nun zwar erlaubt, aber die fortgesetzte Verfolgung von Seiten des Staates machte einen organisierten Wiederaufbau praktisch unmöglich. So wurde das zuvor beschlagnahmte Eigentum nicht vollständig zurückgegeben und auch die Errichtung eines griechisch-katholischen Priesterseminars blieb bis zur Wende verboten.

Erst nach der samtenen Revolution von 1989 konnten das Priesterseminar und die theologische Fakultät in Prešov gegründet werden. In den neunziger Jahren passte der Vatikan die Bistumsorganisation der Katholiken des byzantinischen Ritus den neuen politischen Gegebenheiten an. Nach dem Zerfall der Tschechoslowakei (1993) entstand 1996 für die Gläubigen der Griechisch-katholischen Kirche in Tschechien das Prager Exarchat. 1997 wurde das Exarchat von Košice gegründet.

Am 30. Januar 2008 verkündete der Heiligen Stuhl die Neuordnung der griechisch-katholischen Kirche in der Slowakei. Das Eparchat Prešov wird zur Erzeparchie von Prešov erhoben und das Apostolische Exarchat Košice erhält den Status einer eigenständigen Eparchie. Der Westen der Slowakei wurde vom Eparchat Prešov abgetrennt und ebenfalls zu einer eigenständigen Eparchie mit Sitz in Bratislava erhoben.

# Weblinks

- Homepage der Slowakischen griechisch-katholischen Kirche [1]
- Homepage der Eparchie Ontario [2]
- Ján Babjak: Die griechisch-katholische Kirche in der Slowakei. In: OST-WEST. Europäische Perspektiven, 7(2006), Heft 4. [3]

# References

[1] http://grkat.nfo.sk/index.html
[2] http://www.occb.on.ca/english/slovak.html
[3] http://www.owep.de/2006_4_babjak.php

# Baška_(Slowakei)

| Baška | |
|---|---|
| Wappen | Karte |
| | |
| **Basisdaten** | |
| Kraj: | Košický kraj |
| Okres: | Košice-okolie |
| Region: | Košice |
| Fläche: | 4.50 km² |
| Einwohner: | 424 *(31. Dec 2010)* |
| Bevölkerungsdichte: | 94.22 Einwohner je km² |
| Höhe: | 350 m n.m. |
| Postleitzahl: | 044 20 |
| Telefonvorwahl: | 0 95 |
| Geographische Lage: | 48° 42′ N, 21° 11′ O [1]Koordinaten: 48° 42′ 24″ N, 21° 10′ 51″ O [1] |
| Kfz-Kennzeichen: | KS |
| Gemeindekennziffer: | 521159 |
| **Struktur** | |
| Gemeindeart: | Gemeinde |
| **Verwaltung** *(Stand: November 2010)* | |
| Bürgermeister: | Ján Serbin |
| Adresse: | Obecný úrad Baška<br>044 20 Baška |
| Webpräsenz: | www.baska-obec.sk [2] |
| Gemeindeinformation auf **portal.gov.sk** [3] | Statistikinformation auf **statistics.sk** [4] |

**Baška** (ungarisch *Baska*) ist der Name einer Gemeinde in der Ostslowakei im Okres Košice-okolie. Sie befindet sich am westlichen Ende der Košická kotlina und den östlichen Ausläufern des Slowakischen Erzgebirges.

Der Ort wurde im Jahr 1322 zum ersten Mal als *Bosk* schriftlich erwähnt, entstanden ist er wohl im 13. Jahrhundert, eine Nennung des Gebiets unter der Bezeichnung *Pousa* erfolgt 1247. Im 15. Jahrhundert wandern wie auch im benachbarten Myslava einige deutsche Familien ein, diese werden aber schnell durch die slowakische Bevölkerung assimiliert, lediglich der in damaligen Urkunden genannte Flurname *Bangort* (daher wohl der immer wieder für die

Gemeinde genannte deutsche Name „Baumgarten") und viele deutsch klingende Familiennamen im Ort zeugen noch davon.

Die Bewohner lebten vor allem von der Landwirtschaft und dank der vielen Wälder auch von der Forstwirtschaft, profitierten aber auch durch die Nähe zur Stadt Kaschau im Osten.

Bis 1918 gehörte die Gemeinde im Komitat Abaúj-Torna zum Königreich Ungarn und kam dann zur neu entstandenen Tschechoslowakei. Durch den Ersten Wiener Schiedsspruch kam sie von 1938 bis 1945 kurzzeitig wieder zu Ungarn.

## Weblinks

- Geschichte und Namen auf Slowakisch [5]

## References

[1] http://toolserver.org/~geohack/geohack.php?pagename=Ba%C5%A1ka_%28Slowakei%29&language=de¶ms=48.7066666667_N_21.1808333333_E_dim:10000_region:SK-KI_type:city(424)
[2] http://www.baska-obec.sk/
[3] http://portal.gov.sk/Portal/sk/Default.aspx?CatID=109&cityID=521159
[4] http://app.statistics.sk/mosmis/eng/zaklad.jsp?txtUroven=000000&lstObec=521159
[5] http://www.cassovia.sk/baska/

# Čaňa

| Čaňa | |
|---|---|
| Wappen | Karte |
| | |
| **Basisdaten** | |
| Kraj: | Košický kraj |
| Okres: | Košice-okolie |
| Region: | Košice |
| Fläche: | 11.56 km² |
| Einwohner: | 5285 *(31. Dec 2010)* |
| Bevölkerungsdichte: | 457.18 Einwohner je km² |
| Höhe: | 174 m n.m. |
| Postleitzahl: | 044 14 |
| Telefonvorwahl: | 055 |
| Geographische Lage: | 48° 36′ N, 21° 20′ O [1]Koordinaten: 48° 36′ 0″ N, 21° 20′ 0″ O [1] |

| Kfz-Kennzeichen: | KS |
|---|---|
| Gemeindekennziffer: | 521299 |
| **Struktur** | |
| Gemeindeart: | Gemeinde |
| **Verwaltung** *(Stand: November 2010)* | |
| Bürgermeister: | Michal Rečka |
| Adresse: | Obecný úrad Čaňa<br>Osloboditeľov 52<br>04414 Čaňa |
| Webpräsenz: | www.cana.sk [2] |
| Gemeindeinformation auf **portal.gov.sk** [3] | Statistikinformation auf **statistics.sk** [4] |

**Čaňa** (ungarisch *Hernádcsány* - bis 1902 *Csany* - älter auch *Csány* oder *Abaújcsány*) ist eine Gemeinde im Südosten der Slowakei. Sie ist mit ca. 5000 Einwohnern nach Moldava nad Bodvou die zweitgrößte Gemeinde im Okres Košice-okolie und Standort einer Zweigstelle der Verwaltung des Okres.

reformierte Kirche in Čaňa

Die Gemeinde Čaňa liegt etwa zehn Kilometer südöstlich von Košice am rechten Ufer des Hornád und nur wenige Kilometer von der Grenze nach Ungarn entfernt. Das Hornádtal ist in der Umgebung Čaňas bereits sehr breit und Teil des Talkessels Košická kotlina. Östlich von Čaňa erhebt sich der Gebirgszug Slanské vrchy mit dem 900 Meter hohen Veľký Milič.

Čaňa ist von vier teils künstlich angelegten Seen umgeben (Čanianske jazerá). Zwei Seen sind vor allem im Sommer beliebte Anziehungspunkte für Touristen, insbesondere aus der nahen Großstadt Košice. Die Lage an den Seen und die Nähe zu Košice haben in den letzten Jahren zu einem starken Bevölkerungsanstieg geführt. 1991 hatte die Gemeinde 4127 Einwohner, 2008 waren es bereits 5016 Einwohner. Čaňa ist Schulstandort (Gymnasium) und hat die Funktion eines Zentrums für die umliegenden Gemeinden.

Westlich von Čaňa führt die Fernstraße 68 (Europastraße 71) von Košice in das ungarische Miskolc. Der Bahnhof der Gemeinde Čaňa liegt an der zur Fernstraße parallel verlaufenden Bahnstrecke Košice–Hidasnémeti.

Der Ort wurde im Jahr 1164 erstmals schriftlich erwähnt. Bis 1918 gehörte die Gemeinde im Komitat Abaúj-Torna zum Königreich Ungarn und kam dann zur neu entstandenen Tschechoslowakei. Durch den Ersten Wiener Schiedsspruch kam sie von 1938 bis 1945 kurzzeitig wieder zu Ungarn.

Die reformierte Kirche stammt aus dem Jahr 1443, die römisch-katholische Kirche wurde 1947 erbaut.

Die Bevölkerung der Gemeinde Čaňa besteht zu 91% aus Slowaken, 13% der Bewohner sind Roma. 73% der Einwohner bekennen sich zur Römisch-katholischen Kirche, 2% der Einwohner gaben griechisch-katholisch und ca. 1% reformiert als Konfession an.[5]

## Quellen

[1] http://toolserver.org/~geohack/geohack.php?pagename=%C4%8Ca%C5%88a&language=de¶ms=48.6_N_21.3333333333_E_dim:10000_region:SK-KI_type:city(5285)
[2] http://www.cana.sk/
[3] http://portal.gov.sk/Portal/sk/Default.aspx?CatID=109&cityID=521299
[4] http://app.statistics.sk/mosmis/eng/zaklad.jsp?txtUroven=000000&lstObec=521299
[5] Statistikportal MOŠ (http://www.statistics.sk/mosmis/eng/prvav2.jsp?txtUroven=440806&lstObec=521299&Okruh=sodb)

## Weblinks

- http://www.cassovia.sk/cana/

# Čečejovce

| Čečejovce | |
|---|---|
| **Wappen** | **Karte** |
| | |
| **Basisdaten** | |
| Kraj: | Košický kraj |
| Okres: | Košice-okolie |
| Region: | Košice |
| Fläche: | 24.527 km² |
| Einwohner: | 2041 *(31. Dec 2010)* |
| Bevölkerungsdichte: | 83.21 Einwohner je km² |
| Höhe: | 205 m n.m. |
| Postleitzahl: | 044 71 |
| Telefonvorwahl: | 0 55 |
| Geographische Lage: | 48° 36′ N, 21° 4′ O [1]Koordinaten: 48° 35′ 50″ N, 21° 3′ 55″ O [1] |
| Kfz-Kennzeichen: | KS |
| Gemeindekennziffer: | 521302 |
| **Struktur** | |
| Gemeindeart: | Gemeinde |
| Gliederung Gemeindegebiet: | 2 Gemeindeteile |
| **Verwaltung** *(Stand: Juli 2011)* | |
| Bürgermeister: | Július Pelegrin |

| Adresse: | Obecný úrad Čečejovce<br>Buzická 55<br>044 71 Čečejovce |
|---|---|
| Webpräsenz: | www.cecejovce.sk [2] |
| Gemeindeinformation auf **portal.gov.sk** [3] | Statistikinformation auf **statistics.sk** [4] |

**Čečejovce** (ungarisch *Csécs*) ist ein Ort und eine Gemeinde im Okres Košice-okolie (Košický kraj) im Osten der Slowakei, mit 2041 Einwohnern (Stand 31. Dezember 2010).

# Geographie

Der Ort liegt im Talkessel Košická kotlina (deutsch Kaschauer Talkessel) am Bach *Čečejovský potok*, sieben Kilometer von Moldava nad Bodvou und 22 Kilometer von Košice entfernt.

Zur Gemeinde gehört auch der Gemeindeteil Seleška, nördlich des Hauptortes gelegen.

# Geschichte

Čečejovce wurde zum ersten Mal 1317 als *Cech* schriftlich erwähnt. Die ersten bekannten Gutsbesitzer im Ort stammen aus dem Geschlecht Perény, andere bedeutende Besitzer waren die Geschlechter Pédeny und Szirmay. Das Dorf wurde zwar nie von den Türken nie erobert, entvölkerte aber sich wegen der Angst eines Türkenangriffs. Erst im 18. Jahrhundert konnte das Dorf wieder besiedelt werden, mit überwiegend magyarischen Siedler und wenigen Slowaken, Polen und Russinen. 1828 sind 136 Häuser und 1.092 Einwohner verzeichnet.

Bis 1919 gehörte der im Komitat Abaúj-Torna liegende Ort zum Königreich Ungarn und kam danach zur Tschechoslowakei. 1938–45 war er auf Grund des Ersten Wiener Schiedsspruchs noch einmal Teil von Ungarn.

# Sehenswürdigkeiten

- frühgotische Kirche aus dem 13. Jahrhundert, ursprünglich römisch-katholisch, heute zur reformierten Kirche gehörend
- klassizistische römisch-katholische Kirche aus dem Jahr 1800, 1949 fast völlig niedergebrannt und danach wieder erbaut
- klassizistisches Landschloss aus dem 18. Jahrhundert, gleich gegenüber liegt das Kriegsdenkmal an die Opfer der beiden Weltkriege

# References

[1] http://toolserver.org/~geohack/geohack.php?pagename=%C4%8Ce%C4%8Dejovce&language=de¶ms=48.5972222222_N_21.0652777778_E_dim:10000_region:SK-KI_type:city(2041)
[2] http://www.cecejovce.sk/
[3] http://portal.gov.sk/Portal/sk/Default.aspx?CatID=109&cityID=521302
[4] http://app.statistics.sk/mosmis/eng/zaklad.jsp?txtUroven=000000&lstObec=521302

# Drienovec

| Drienovec | |
|---|---|
| Wappen | Karte |
| | |
| **Basisdaten** | |
| Kraj: | Košický kraj |
| Okres: | Košice-okolie |
| Region: | Košice |
| Fläche: | 28.070 km² |
| Einwohner: | 1882 *(31. Dec 2010)* |
| Bevölkerungsdichte: | 67.05 Einwohner je km² |
| Höhe: | 190 m n.m. |
| Postleitzahl: | 044 01 |
| Telefonvorwahl: | 0 55 |
| Geographische Lage: | 48° 37′ N, 20° 57′ O [1]Koordinaten: 48° 36′ 40″ N, 20° 56′ 50″ O [1] |
| Kfz-Kennzeichen: | KS |
| Gemeindekennziffer: | 521337 |
| **Struktur** | |
| Gemeindeart: | Gemeinde |
| **Verwaltung** *(Stand: Juli 2011)* | |
| Bürgermeister: | Tibor Kočiš |
| Adresse: | Obecný úrad Drienovec<br>č. 361<br>044 01 Drienovec |
| Webpräsenz: | www.drienovec.ocu.sk [2] |
| Gemeindeinformation auf **portal.gov.sk** [3] | Statistikinformation auf **statistics.sk** [4] |

**Drienovec** (bis 1948 slowakisch „Šomody"; ungarisch *Somodi*) ist ein Ort und eine Gemeinde im Okres Košice-okolie (Košický kraj) im Osten der Slowakei, mit 1882 Einwohnern (Stand 31. Dezember 2010).

## Geographie

Die Gemeinde liegt im westlichen Teil des Talkessels Košická kotlina (deutsch Kaschauer Kessel) unter den östlichen Ausläufern des Slowakischen Karstes, vier Kilometer von Moldava nad Bodvou entfernt.

## Geschichte

Der Gemeindechronik und einer Legende zufolge wurde der Ort zum ersten Mal 1241 erwähnt, als die geschlagene ungarische Armee nach der Schlacht bei Muhi vom Schlachtort zurückkehrte. 1255 wird ein Hügel namens *Sumugy* bei einem Verzeichnis der Grundgrenzen des Klosters Jasov erwähnt, 1345 dann schließlich das Dorf *Sumugy*, das dem König gehörte. In diesem Jahr wird über einer Mautstelle berichtet, die auf dem Weg zwischen Torna und Kaschau stand. 1710 starb fast das ganze Dorf an Folgen einer verheerenden Pestepidemie aus. 1777 erhielt den Ort das neu gegründete Bistum Rosenau. 1851 wird ein großes magyarisches Dorf mit 1234 Einwohnern erwähnt.

Bis 1919 gehörte der im Komitat Abaúj-Torna zum Königreich Ungarn und kam danach zur Tschechoslowakei. Auf Grund des Ersten Wiener Schiedsspruches lag er 1938–1945 noch einmal in Ungarn.

Der Name stammt aus dem ungarischen Wort *som* (deutsch Kornelkirsche, slow. *drieň*), der auch die Basis für den erst 1948 eingeführten slowakischen Namen Drienovec bildet. Beide Namensversionen also bedeuten so viel wie „Ort, an dem Kornelkirschen wachsen".

## Sehenswürdigkeiten

- barock-klassizistische römisch-katholische Martinskirche aus dem Jahr 1780
- klassizistisches Landschloss aus dem Jahr 1780, das ursprünglich zum Bistum Rosenau gehörte
- Areal des Kurorts nördlich der Gemeinde, heute aber weitgehend ungenutzt
- die Höhle Drienovská jaskyňa, seit 1995 mit anderen Höhlen des Aggteleker und Slowakischen Karstes Teil des UNESCO-Welterbes

## References

[1] http://toolserver.org/~geohack/geohack.php?pagename=Drienovec&language=de¶ms=48.6111111111_N_20.9472222222_E_dim:10000_region:SK-KI_type:city(1882)

[2] http://www.drienovec.ocu.sk/

[3] http://portal.gov.sk/Portal/sk/Default.aspx?CatID=109&cityID=521337

[4] http://app.statistics.sk/mosmis/eng/zaklad.jsp?txtUroven=000000&lstObec=521337

# Družstevná_pri_Hornáde

| Družstevná pri Hornáde | |
|---|---|
| Wappen | Karte |
| | |
| Basisdaten | |
| Kraj: | Košický kraj |
| Okres: | Košice-okolie |
| Region: | Košice |
| Fläche: | 9.551 km² |
| Einwohner: | 2445 *(31. Dec 2010)* |
| Bevölkerungsdichte: | 255.99 Einwohner je km² |
| Höhe: | 258 m n.m. |
| Postleitzahl: | 044 31 |
| Telefonvorwahl: | 055 |
| Geographische Lage: | 48° 48′ N, 21° 10′ O [1]Koordinaten: 48° 48′ 18″ N, 21° 10′ 0″ O [1] |
| Kfz-Kennzeichen: | KS |
| Gemeindekennziffer: | 521345 |
| Struktur | |
| Gemeindeart: | Gemeinde |
| Gliederung Gemeindegebiet: | 2 Gemeindeteile |
| Verwaltung *(Stand: November 2010)* | |
| Bürgermeister: | Andrej Sabol |
| Adresse: | Obecný úrad Družstevná pri Hornáde<br>Hlavná 38<br>04431 Družstevná pri Hornáde |
| Webpräsenz: | www.druzstevna.sk [2] |
| Gemeindeinformation auf **portal.gov.sk** [3] | Statistikinformation auf **statistics.sk** [4] |

**Družstevná pri Hornáde** ist eine Gemeinde in der Ostslowakei. Sie liegt in östlichen Ausläufern des Slowakischen Erzgebirges am Fluss Hornád, 9 km nördlich von Košice entfernt.

Bild des Ortes während der Überschwemmung der Hauptstraße

Die heutige Gemeinde entstand 1961 durch Zusammenschluss dreier Orte: Kostoľany nad Hornádom (erste Erwähnung 1423 als *Zenthesthwan*), Malá Vieska (erste Erwähnung 1423 als *Wyflaw*) und Tepličany (erste Erwähnung 1423 als *Tapliczan*). Kostoľany nad Hornádom ist seit 2003 wieder eine selbstständige Gemeinde.

Der Name „Družstevná" bedeutet "Das Genossenschaftliche (Dorf)" und ist als Ausdruck der damaligen sozialistischen Gesellschaft, die hier entstehen sollte, gewählt worden.

## References

[1] http://toolserver.org/~geohack/geohack.php?pagename=Dru%C5%BEstevn%C3%A1_pri_Horn%C3%A1de&language=de¶ms=48.805_N_21.1666666667_E_dim:10000_region:SK-KI_type:city(2445)
[2] http://www.druzstevna.sk/
[3] http://portal.gov.sk/Portal/sk/Default.aspx?CatID=109&cityID=521345
[4] http://app.statistics.sk/mosmis/eng/zaklad.jsp?txtUroven=000000&lstObec=521345

# Hačava

| Hačava | |
|---|---|
| Wappen | Karte |
| | |
| Basisdaten | |
| Kraj: | Košický kraj |
| Okres: | Košice-okolie |
| Region: | Košice |
| Fläche: | 36.92 km² |
| Einwohner: | 214 *(31. Dec 2010)* |
| Bevölkerungsdichte: | 5.8 Einwohner je km² |
| Höhe: | 660 m n.m. |
| Postleitzahl: | 044 02 |
| Telefonvorwahl: | 055 |
| Geographische Lage: | 48° 40′ N, 20° 50′ O [1]Koordinaten: 48° 40′ 3″ N, 20° 50′ 7″ O [1] |

| Kfz-Kennzeichen: | KS |
|---|---|
| Gemeindekennziffer: | 521396 |
| **Struktur** | |
| Gemeindeart: | Gemeinde |
| **Verwaltung** *(Stand: November 2010)* | |
| Bürgermeister: | Peter Gábor |
| Adresse: | Obecný úrad<br>Hačava 47<br>04402 Turňa nad Bodvou |
| Webpräsenz: | www.hacava.sk [2] |
| Gemeindeinformation auf **portal.gov.sk** [3] | Statistikinformation auf **statistics.sk** [4] |

**Hačava** (bis 1927 slowakisch auch „Vieska"; deutsch *Wagnerhau*, ungarisch *Ájfalucska* - bis 1902 *Falucska*) ist eine Gemeinde im Osten der Slowakei bei Košice.

Hačava

Von der Verbindungsstrasse R2 zwischen Košice und Rožňava geht bei Turňa nad Bodvou die enge Talstrasse den Berg hinauf. Diese einzige Zugangsstraße zum Ort führt durch ein enges Tal über die Nachbargemeinde Háj hinweg. Im Winter kann diese Straße schnell unpassierbar werden. Das Ortsbild ist geprägt von Holzhäusern. Einige Einwohner von Košice besitzen hier Wochenendhäuser, *Chata* genannt.

# Geschichte

Der Ort wird zum ersten Mal 1409 urkundlich erwähnt und wurde von deutschen Siedlern unter einem „Meister Wagner" gegründet. Durch die Türkenkriege und den Polnisch-Litauischen Krieg sahen sich die Bewohner gezwungen, den Ort wieder zu verlassen. Erst im 17. Jahrhundert wurde er von Ruthenen neu besiedelt. Von 1918 bis 1927 hieß er offiziell auch *Vieska.*

Bis 1918 gehörte die Gemeinde zum Königreich Ungarn und kam dann zur neu entstandenen Tschechoslowakei. Durch den Ersten Wiener Schiedsspruch kam sie von 1938 bis 1945 kurzzeitig wieder zu Ungarn (unter dem Namen *Ájfalucska*).

## Weblinks

- Karte der Umgebung [5]

rue:Гачава

## References

[1] http://toolserver.org/~geohack/geohack.php?pagename=Ha%C4%8Dava&language=de¶ms=48.6675_N_20.8352777778_E_dim:10000_region:SK-KI_type:city(214)
[2] http://www.hacava.sk/
[3] http://portal.gov.sk/Portal/sk/Default.aspx?CatID=109&cityID=521396
[4] http://app.statistics.sk/mosmis/eng/zaklad.jsp?txtUroven=000000&lstObec=521396
[5] http://www.supernavigator.sk/navigator/profile_city.php?id=586&lang=de

# Haniska_(Košice-okolie)

| Haniska | |
|---|---|
| Wappen | Karte |
| | |
| **Basisdaten** | |
| Kraj: | Košický kraj |
| Okres: | Košice-okolie |
| Region: | Košice |
| Fläche: | 17.289 km² |
| Einwohner: | 1348 *(31. Dec 2010)* |
| Bevölkerungsdichte: | 77.97 Einwohner je km² |
| Höhe: | 216 m n.m. |
| Postleitzahl: | 044 57 |
| Telefonvorwahl: | 0 55 |
| Geographische Lage: | 48° 37′ N, 21° 15′ O [1]Koordinaten: 48° 37′ 9″ N, 21° 15′ 5″ O [1] |
| Kfz-Kennzeichen: | KS |
| Gemeindekennziffer: | 521400 |
| **Struktur** | |
| Gemeindeart: | Gemeinde |
| Gliederung Gemeindegebiet: | 2 Gemeindeteile |
| **Verwaltung** *(Stand: Juni 2011)* | |

| Bürgermeister: | Miloš Barcal |
|---|---|
| Adresse: | Obecný úrad Haniska<br>248<br>044 57 Haniska |
| Webpräsenz: | www.haniska-ke.sk [2] |
| Gemeindeinformation auf **portal.gov.sk** [3] | Statistikinformation auf **statistics.sk** [4] |

**Haniska** (inoffiziell, aber verbreitet auch „Haniska pri Košiciach"; ungarisch *Enyicke*) ist eine Gemeinde im Osten der Slowakei, mit 1348 Einwohnern (Stand 31. Dezember 2010). Administrativ gehört sie zum Okres Košice-okolie, der ein Teil des Bezirks Košický kraj ist. Laut Volkszählung 2001 (1.390 Einwohner) ist Haniska fast ausschließlich slowakisch (98,9 %); konfessionell dominiert die römisch-katholische Kirche mit 92,3 %.

# Geographie

Die Gemeinde liegt im Talkessel Košická kotlina zwischen den Bächen *Sokoliansky potok* und *Belžanský potok*. Das Gemeindegebiet ist weitgehend entwaldet. Das Ortszentrum befindet sich auf einer Höhe von 216 m n.m.. Haniska ist 13 Kilometer von Košice entfernt.

Verwaltungstechnisch gliedert sich die Gemeinde in Gemeindeteile Grajciar und Haniska.

# Geschichte

Der Ort wurde zum ersten Mal 1267 als *Ezenca* schriftlich erwähnt. Der Name soll vom slawischen *Janisko* abgeleitet werden. Seit dem späten 13. Jahrhundert wechselte der Ort oft seine Besitzer. Urkunden aus den Jahren 1332–1337 bestätigen Existenz einer Pfarrei, wo es schon eine dem Hl. Stephan geweihte steinerne Kirche gab. 1427 hatte Haniska 29 Porta, 1553 blieben nur 19.

1672 fand beim Ort eine Schlacht zwischen den kaiserlichen Truppen und einem Heer der Kuruzzen. Vom Ende des 18. Jahrhundert bis zur Revolution 1848/49 war Haniska eine Minderstadt mit Marktrecht. 1828 gab es hier 229 Häuser und 937 Einwohner, die sich überwiegend mit Landwirtschaft beschäftigten.

Bis 1919 gehörte der im Komitat Abaúj-Torna liegende Ort zum Königreich Ungarn und kam danach zur neu entstandenen Tschechoslowakei. Ende 1925 wurde hier die erste Rundfunksendung in der Slowakei probeweise ausgestrahlt. 1938–45 lag der Ort auf Grund des Ersten Wiener Schiedsspruchs noch einmal in Ungarn.

# References

[1] http://toolserver.org/~geohack/geohack.php?pagename=Haniska_%28Ko%C5%A1ice-okolie%29&language=de¶ms=48.6191666667_N_21.2513888889_E_dim:10000_region:SK-KI_type:city(1348)
[2] http://www.haniska-ke.sk/
[3] http://portal.gov.sk/Portal/sk/Default.aspx?CatID=109&cityID=521400
[4] http://app.statistics.sk/mosmis/eng/zaklad.jsp?txtUroven=000000&lstObec=521400

# Herľany

| Herľany | |
|---|---|
| **Wappen** | **Karte** |
| | |
| **Basisdaten** | |
| Kraj: | Košický kraj |
| Okres: | Košice-okolie |
| Region: | Košice |
| Fläche: | 9.914 km² |
| Einwohner: | 285 *(31. Dec 2010)* |
| Bevölkerungsdichte: | 28.75 Einwohner je km² |
| Höhe: | 365 m n.m. |
| Postleitzahl: | 044 46 |
| Telefonvorwahl: | 055 |
| Geographische Lage: | 48° 47′ N, 21° 29′ O [1]Koordinaten: 48° 47′ 0″ N, 21° 29′ 0″ O [1] |
| Kfz-Kennzeichen: | KS |
| Gemeindekennziffer: | 521418 |
| **Struktur** | |
| Gemeindeart: | Gemeinde |
| Gliederung Gemeindegebiet: | 2 Gemeindeteile |
| **Verwaltung** *(Stand: November 2010)* | |
| Bürgermeister: | Jana Tóthová |
| Adresse: | Obecný úrad Herľany<br>54<br>04446 Herľany |
| Webpräsenz: | www.herlany.ocu.sk [2] |
| Gemeindeinformation auf **portal.gov.sk** [3] | Statistikinformation auf **statistics.sk** [4] |

**Herľany** (bis 1927 slowakisch „Herlany"; deutsch zuerst *Herlein*, später *Bad Rank* und *Rank-Herlein*, ungarisch *Ránkfüred* - älter auch *Herlány*) ist eine Gemeinde in der Ostslowakei. Sie liegt am Fuße des Slanské vrchy-Gebirges, etwa 28 km nordöstlich von Košice entfernt.

Die Gemeinde wurde 1487 erstmals schriftlich als *Haryan* erwähnt. Sie ist für den - neben dem nur schwach tätigen *Sivá Brada* bei Spišské Podhradie - einzigen Kaltwassergeysir in der Slowakei bekannt.

Zur Gemeinde zählt auch der 1964 eingemeindete Ort Žírovce.

Der Kaltwassergeysir von Herl'any

## Literatur

- Cornel Chyzer, *Führer nach Ránk-Herlein zu der grössten artesisch-periodischen Springquelle Europas*, Sátoraljaújhely: Zemplén 1880
- *Das Rank-Herleiner Heilbad (Rank-Füred) und seine artesische Springquelle der Ungarische Geysir*, Budapest (Pallas-Verlag) 1898.
- Anton Becker, *Das Sovargebirge und das Bad Rank-Herlein*, in: Anton Becker, Ausgewählte Schriften, Wien 1948.

## Weblinks

- Der *Geysir in Herl'any*, ausführliche Information zu Entstehung und Beschaffenheit des Geysirs bei der slowakischen Zentrale für Tourismus [5]. Abgerufen am 8. März 2008
- Geysir in Herl'any [6] auf Radio Slovakia International (deutsch)

## References

[1] http://toolserver.org/~geohack/geohack.php?pagename=Her%C4%BEany&language=de¶ms=48.7833333333_N_21.4833333333_E_dim:10000_region:SK-KI_type:city(285)
[2] http://www.herlany.ocu.sk/
[3] http://portal.gov.sk/Portal/sk/Default.aspx?CatID=109&cityID=521418
[4] http://app.statistics.sk/mosmis/eng/zaklad.jsp?txtUroven=000000&lstObec=521418
[5] http://www.sacr.sk/article?id=123&category=19&lang=de
[6] http://www.slovakradio.sk/inetportal/rsi/core.php?page=showSprava&refPage=&id=26557&textToBold=6.+Runde&lang=3

# Article Sources and Contributors

**Bidovce** *Source*: http://de.wikipedia.org/w/index.php?title=Bidovce *Contributors*: AHZ, Murli, Nepomucki, Rauenstein

**Slowakei** *Source*: http://de.wikipedia.org/w/index.php?title=Slowakei *Contributors*: -jkb-, 1001, 20percent, 24karamea, 32X, 4tilden, A.Savin, AHZ, ALE!, APPER, Acg146, Ahellwig, Ahnungsloser, Aineias, Aka, Alofok, Ambroix, Amurtiger, Andrew-k, Androl, Angelika Lindner, Antemister, Armin P., Arminho, Arne List, Arup, Asdfj, Aspiriniks, BLueFiSH.as, Badlogger, Baird's Tapir, Basstyi, Bayernparteiler, Ben-Zin, Benatrevqre, BerndGehrmann, Bierdimpfl, Blaubahn, Blaufisch, Blaumeise, Bsmuc64, Burts, Bärski, C.Löser, Capaci34, Capriccio, Captain Blood, Cassandro, Chesk, ChrisHamburg, Chrisfrenzel, Chriztopf10, Chun-hian, Ciciban, Cleverboy, Complex, Conversion script, Cornischong, Crux, César, DaQuirin, Daniel 1992, DanielDüsentrieb, Danijel Zaphonim, DasBee, DasSchORscH, David Liuzzo, Der.Traeumer, DerHexer, Derim Hunt, Destructivus, Diba, Docmo, Dr. Manuel, Duranova, Einsamer Schütze, Einstückvombrot, Elya, EnemyOfTheState, Engie, Enth'ust'eac, Ephraim33, Erasmuse, EricPoehlsen, ErikDunsing, ExtraBlätterchen, Farino, Fedi, Feinschreiber, Felix.Schwarz, Fiege, Filzstift, Floklk, Florian.Keßler, Frantisek, Freedomsaver, Fristu, GLGerman, GNosis, Gabrielduerr, Galaxy07, Garnichtsoeinfach, Geof, Gereon K., Geschichtsfan, Gilliamjf, Gnom, Grand Tour, Gugganij, Guntscho, HaTe, Hannes Röst, Haring, Harro von Wuff, Harry8, Head, HebeGmxCom, Hedwig Klawuttke, Hendric Stattmann, Herr Klugbeisser, Herrick, Hixteilchen, Hochsechs, Holger1974, Horst, Hotti4, Hunding, Hunne, Häsk, Imre, Intimidator, Isderion, Itti, J budissin, JCIV, JD, JFKCom, JLeng, JaS, Janneman, Jed, Jeremiah21, Jergen, Jigsan, Jivee Blau, Jklö, Jo Weber, Jo-Jo, Jo.Fruechtnicht, Johamar, Johannes XXIII., John, Johnny Controletti, Johnny T, Johnny Yen, Jrrtolkien, JuergenL, Juhan, Julius-m, Juliusbln, Juro, KGF, Kalumet, Kappa666, Karl Gruber, Karl-Henner, Keichwa, Keloid, Kelovy, Kevin L., Kipferl, Kksen, Klapper, KluGiOh, Kolja21, Kolossos, Kotisch, Krawi, Krtek1993, Krtek76, Kubrick, LKD, Langec, Lateralus, Lear 21, Leonard Vertighel, Leuche, Lichtstrahl92, Lou.gruber, LukeSZ, Luxo, Lyzzy, M.L, MAY, MBq, MF-Warburg, MFM, Maclemo, Madden, Maikthiel, Mannerheim, Marc4, MarkBA, Maros, Martin 712, Martin Rasmussen, Martin-vogel, Martin1978, Martinwilke1980, Mato športovec, Matthäus Wander, Maturant, Mazbln, Mef.ellingen, Meichs, MichaelDiederich, Michail, Mihály, Mikenolte, Mikue, Mlijeko, Mo4jolo, Moguntiner, Morgenstund, Mozartova21, Murli, Myt, NCC1291, NEXT903125, Naddy, Nephelin, Nerd, Neuroca, Ngowatchtransparent, Nico Düsing, Nicor, Niemot, NineBerry, Nolanus, Nothere, O.Koslowski, Ogb, Onkelkoeln, Orwlska, Osika, Otberg, Otto, OttoK, Oxymoron83, PDD, PLS84, Paddy, Pascal Auricht, PatriceNeff, Pausanias2, Peisi, Pendulin, Perrak, Peter200, Pfeffer2de, Pittimann, Poettchen1971, Polarlys, Professor01, PsY.cHo, Qaswed, Ra'ike, Rador, Rainer Lippert, Rainmakersk, Rauenstein, Raymond, Rbugar, Rdb, Regi51, Reti, Richie, RoBri, Robodoc, Roland Schmid, Rolf-Dresden, Romanm, Roxanna, Rudko, Rufus79, S. Bugaev, Sandmann4u, Sansculotte, Sasik, Schaffnerlos, SchirmerPower, Schlesinger, Schnargel, Scooter, Sechmet, Seewolf, Seidl, Septembermorgen, Shoshone, Shyster, Sicherlich, Sinn, Sleske, Small Axe, Spongi4, Spuk968, Stauba, Stefan Kühn, Stefanbw, Steffen Löwe Gera, SteinundBaum, Suhadi Sadono, Suisui, Sven-steffen arndt, Sz, TUBS, Taxiarchos228, Th1979, TheAnimal, TheK, Thorbjoern, Thylacin, Tilman Berger, Tim, Tiontai, Tjalf Boris Prößdorf, Tobi B., TomK32, Triebtäter, Trimnapaschkan, Träumer, Tschubby, Tzzzpfff, Tönjes, UW, Ubuntufaaan, Ulz, Umweltschützen, Unscheinbar, Unsterblicher, Urengur87, Uwe Gille, Valentina.Anitnelav, Valtental, WAH, Weisserd, Westiandi, WhiteShark, Wimox, Woehlecke, Woldemar, Wst, XPac, YMS, Yomtov, YourEyesOnly, Zeno Gantner, Zenon, Zeuke, pD9E10AF5.dip.t-dialin.net, Überraschungsbilder, ŠtúrJäger, ŠtúrJäger1, €pa, 515 anonymous edits

**Košice** *Source*: http://de.wikipedia.org/w/index.php?title=Ko%C5%A1ice *Contributors*: AHZ, Aalfons, Adehertogh, Aka, Alexander Ehmann, Allesmüller, Amga, AndreasPraefcke, Badener, Bapho, Bdk, Bierdimpfl, Bildungsbürger, Bärski, CW67k, Centovalli, CommonsDelinker, Cpettauer, Delorian, Dionysos1988, Eisbaer44, Engie, ErikDunsing, Excelsior, Excelsior69, Feri-Feró, Fäberer, Gerhard51, Godisch, Goesseln, Gorgo, Hans aus Jena, HeikoEc, Hejkal, Hubertl, Hypercubus, Ilja Lorek, Ingo T., Jesi, JuergenL, Juro, Justus Nussbaum, KaHe, Karl Gruber, Karsten11, Kelenbp, Kingofdisaster, Kosice, L.Willms, Label5, LeoVisurgis, Lewenstein, Libro, MBq, MFM, MacCambridge, Maclemo, Marc4, Marian Gladis, MarkBA, Maros, Mihály, Milla, Murli, Numbo3, Obersachse, Otberg, Otfried Lieberknecht, Otto Schraubinger, Perrak, Pronomen, Proofreader, Prskavka, Rauenstein, Renekaemmerer, Reti, Rita2008, Robert Schediwy, Rosentod, Salmi, Sasik, Schlurcher, Schumir, Schwans, Seidl, Sol1, Spuk968, Stefan69, Stern, StillesGrinsen, Succu, Sundance Kid, Suppengrün, Sven-steffen arndt, Tasmer, ThoR, Thunderblade, Tilman Berger, Toolittle, Trixium, Ujember, Vasiľ, Voyager, WOBE3333, Wiegand, ¡0-8-15!, Århus, מראהגייר ירעל, 85 anonymous edits

**Hornád** *Source*: http://de.wikipedia.org/w/index.php?title=Horn%C3%A1d *Contributors*: AHZ, Amurtiger, Arup, Eriosw, Geof, Guffi, Hochsechs, Juro, KingLion, Krassdaniel, MarkBA, Murli, Numbo3, Olaf Studt, OttoK, Parvus77, Rauenstein, SteveK, TheAnimal, Zeuke, 5 anonymous edits

**Slanské_vrchy** *Source*: http://de.wikipedia.org/w/index.php?title=Slansk%C3%A9_vrchy *Contributors*: AlMa77, Antissimo, MarkBA, Meichs, Murli, Rauenstein, WIKImaniac

**Sečovce** *Source*: http://de.wikipedia.org/w/index.php?title=Se%C4%8Dovce *Contributors*: Ambroix, CommonsDelinker, High Contrast, MarkBA, Meichs, Murli, Olessi, Rauenstein, StillesGrinsen, 2 anonymous edits

**Dargovpass** *Source*: http://de.wikipedia.org/w/index.php?title=Dargovpass *Contributors*: MarkBA, Ulflulfl

**Europastraße_50** *Source*: http://de.wikipedia.org/w/index.php?title=Europastra%C3%9Fe_50 *Contributors*: Alkab, Alofok, Atamari, Chleo, ChristianBier, Chvickers, Dnepro.., Eloquant, Frosty79, HeikoEc, Labant, Lokaas12, MarkBA, Matthiasb, Paramecium, Patrik Zeh, Rauenstein, Toen96, W like wiki, 7 anonymous edits

**Vranov_nad_Topľou** *Source*: http://de.wikipedia.org/w/index.php?title=Vranov_nad_Top%C4%BEou *Contributors*: Ak120, Aka, Atamari, Erika Mlejová, High Contrast, Juro, MarkBA, Meichs, Murli, Nihat Halici, Polarlys, Rauenstein, Rieke Rittenmeyer, StillesGrinsen, 4 anonymous edits

**Michalovce** *Source*: http://de.wikipedia.org/w/index.php?title=Michalovce *Contributors*: -jkb-, AHZ, Aka, Alcibiades, Arup, Badener, Boschmi, Crux, Diba, Geof, High Contrast, Jed, Juro, Jvano, MFM, MarkBA, Meichs, Murli, Rauenstein, StillesGrinsen, Tilman Berger, Triebtäter, Wilhelm Bush, מראהגייר ירעל, 21 anonymous edits

**Slowaken** *Source*: http://de.wikipedia.org/w/index.php?title=Slowaken *Contributors*: .Mag, AHZ, Aineias, Aka, Andreas aus Hamburg in Berlin, Ares33, Batrox, Blaufisch, Braveheart, Brindza, Capriccio, Chrisfrenzel, Don Magnifico, Dreftis, Fedi, Feinschreiber, Franz Richter, Grimmi59 rade, Horst, J. Patrick Fischer, JCIV, Juro, Jón, Kaisersoft, M.Mozart, MBq, MFM, Man77, Martin1978, Minalcar, Nichtbesserwisser, Nothere, Numbo3, Olafur, Onkelkoeln, Otberg, PDD, Palica, Paramecium, Rbrausse, Thomas S., Trimnapaschkan, VisiBaba, Wasserseele, Wurgl, Zenit, Ĝù, 22 anonymous edits

**Reformierte_Kirchen** *Source*: http://de.wikipedia.org/w/index.php?title=Reformierte_Kirchen *Contributors*: ++gardenfriend++, .Mag, Aa1bb2cc3dd4ee5, Aimo Wiki, Aka, Aktions, Amurtiger, Atamari, Audaxx, Badener, Bear, BitterMan, BurghardRichter, Chinafreak14, ChristophDemmer, ChristophLanger, Complex, Cwolfdietrich, Der wahre Jakob, Der.Traeumer, DerHexer, Diba, Diemietrie, Dietrich, ErikDunsing, Evangelical, Feetjen, Fish-guts, Frank Schulenburg, Funke, GLGerman, GMH, Gancho, Geitost, Gereon K., Gib Senf dazu!, GregorHelms, Groucho NL, Gökhan, He3nry, Herzog Wolfgang, Holder, Howwi, Hydro, IlyaA, Irmgard, Jakob Mitzlaff, Jed, Jesusfreund, Joe-Tomato, Johamar, Kanti, Karl-Henner, Krassdaniel, Krawi, Krk, Leki, Leser, Lucarelli, Luska, Löschfix, Madamesarah, Magnus, Media lib, MiKo, MichaK, Mirka, Neitram, Nichtbesserwisser, Ninety Mile Beach, NordNordWest, O.Koslowski, Peter200, Pittimann, Pm, Poimen, Proofreader, Qniemiec, Ra'ike, Rabanus Flavus, Regi51, Robert Weemeyer, Rufinus, RunningGirl, Scooter, Sebheck, Shelog, Sinn, Skriptor, Sokkok, Sozi, Stefan Kühn, TOMM, Tegga1, Terabyte, Thom86, Thomas7, Trapezunt, Tönjes, Ulm, Unscheinbar, Vargatamas, Weiße Rose, Woches, Wst, Xantener, Xenos, YourEyesOnly, Zarbi, ZitaSz, 164 anonymous edits

**Römisch-katholische_Kirche** *Source*: http://de.wikipedia.org/w/index.php?title=R%C3%B6misch-katholische_Kirche *Contributors*: $traight-$hoota, 08-15, 0g1o2i3k4e5n6, 9of10, A.Ammersee, A.M., A.Savin, ADK, AHZ, Abc2005, Addicted, Adrian Suter, Agadez, Aka, AlMa77, Albinfo, Alboholic, Aleister Crowley, Alexander Orth, Altkatholik62, Anathema, Andol, AndreasStrasbourg, Andritzky, Andro96, Androl, Andrsvoss, Antrios, Anwiha, Aph, Arcy, Armin P., Arup, Asthma, Aths, Augiasstallputzer, Avoided, BKSlink, Barb, Beeluk85, Benatrevqre, Bene16, Benedikt, Bera, Bernhard Wallisch, Bhuck, Big Boss, Binter, Birger Fricke, Bjs, Björn Bornhöft, Blackybd, Blaufisch, Blenk, Bokpasa, Bremond, Brodkey65, Bru, CHG, Capaci34, Capriccio, Carol.Christiansen, CasimirC, CdaMVvWgS, Centic, Chef, ChristophDemmer, ChristophLanger, Cleante, CommonsDelinker, Complex, Conversion script, Cristof, Cryptodirum, Curtis Newton, Cyberteddy, Cyper, Cäsium137, D.Derigs, DaB., Dachris, Dai, Damian, Daniel 1992, Daniel FR, DarkScipio, DasBee, David Ludwig, Decius, Delta 51, Der Spion, Der wahre Jakob, Der.Traeumer, DerHexer, Dharion, Diba, Dietrich, Dingo, Diwas, Dodo von den Bergen, Dollarfieber, Dr. Otterbeck, Dr. Steller, Dribgons, Drifty, Driverofthebluetaxi, Dschramm, Dundak, Einstückvombrot, Ekpah, Ekuah, El Conde, Elend Meister, Emes, Emil-Heinrich, Engie, Entlinkt, ErnestoZERO, Eugen Ettelt, EvaK, Exkathole, Feuerspiegel, Fg68at, Fiat jux, Fish-guts, FloSch, Forevermore, Frank Schulenburg, Franz-in-Köln (kath.), Friedrich Degenhardt, Fristu, Froggy, Fxp, GDK, GLGerman, GLGermann, Gary Dee, General Kaub, Gereon K., Gerhardvalentin, Gf1961, Giftmischer, Gilliamjf, Gleiberg, Glglgl, Graphikus, Grummthater, Guandalug, Gugganij, Gutekunst2006, Hanno Sandvik, Hans J. Castorp, Hansele, Hansgeorg60, Hardenacke, He3nry, Head, Hermannthomas, Herrick, Hgulf, Hofres, Hopsee, Horst, Howwi, Hozro, Hubertl, Hukukçu, Hunter192, I huck you, Iammrvip, Inkowik, Intramuros, Iokseng, Irmgard, JAF, JCIV, JWBE, Janz, Jazzman, Jbraunia, JeLuF, Jed, JenniferHailey, Jergen, Jivee Blau, Johannes Gabriel, Jordi, Kaiser von Europa, Kaisersoft, Kalli R, Kalligraf, Kammerjaeger, Keichwa, Keks Vernichter, Kero, KingLion, Kladson, Klapper, Korinth, Krawi, Krawin, Krokodil, Kurt Jansson, Kurt seebauer, König Alfons der Viertelvorzwölfte, LKD, Langohr, Laubfrosch *hüpf*, Layer, Lemzwerg, Liberaler Humanist, LinDrug, Locutus1978DUS, Longoso, Luestling, Lukass90, Lustiger seth, Lysis, Lällälläläll̈ä, MAK, MAY, Macmewes, Magadan, Magnummandel, Marcu, Marcus Cyron, Mark Welfer, Marsupilami, Martin-vogel, Martinwilke1980, Matt1971, Matthäus Wander, Mbleeke, Meikel1965, MichaelB., MichaelDiederich, MickiMedia, Mihály, MlaWU, Mmg, Moguntiner, Momo, Mopskatze, Morten Haan, Mozartzuvielenoten, Mr94, My name, Nassauer27, Nazarener, Negerfreund, Neuroca, Neutralisator, New European, Nicolas G., Nicolas17, Ninety Mile Beach, Nirakka, Nockel12, Nolispanmo, O.Koslowski, Odin, OecherAlemanne, Oetzl, Optatus v. Mileve, Osna2011, Otfried Lieberknecht, Pappenheim, PaterMcFly, PatriceNeff, Patrick G. DLG, Paul Ebermann, Peter200, Pfarrer, Pflastertreter, Phi, Philipendula, Pi mal Daumen, Pismire, Pit, Pittimann, Polarlys, Primus von Quack, Psi007, Psidium, Publik-oberberg, Q'Alex, Qaswed, Quaerens07, Quintero, RJensch, Rabanus Flavus, RacoonyRE, Randolph33, Raphael Kirchner, Raubfisch, Rauenstein, Regi51, Revolus, Revvar, Robbatt, Robert Huber, Robert Weemeyer, RobertoRSi, Roland Kaufmann, Romanm, RoswithaC, Ruud64, Rybak, S.Didam, S.K., Sachse, Saint-Louis, Sansculotte, Schewek, SchwabenBoy, Schwarzwälder, Scooter, Seewolf, Sepia, Shadowlands, Sharkxtrem, Singsangsung, Sinn, Sky82, Spartanbu, Speifensender, Spuk968, Sr. F, Stechlin, Stefan h, Steffen, Stephan Wittich, Succu, Sven-steffen arndt, Sypholux, T.a.k., Tafkas, Taklinn, Tcp, Th1979, TheJH, TheOne19, Theol, Thomasmorus, Thule, Tiontai, Tobias1983, Tonca, Treyomo, Trg, Trigonomie,

Trublu, Turbonachsichter, Turris Davidica, TuxJoe, Túrelio, U.S.Zelenka, Umweltschützen, Unscheinbar, Ureinwohner, Urgelein, Usquam, Vadis, Varulv, Vernula deus, Volker Paix, Voyager, WAH, Wantanabe, Wasabi, Weissmann, Weiße Rose, Wiegand, Wiegels, Wirthi, Wirus, Wolf-Dieter, Wolfgang H., Wolfgang1018, Wst, Xqt, Yakobus, Yellowcard, Yiska, Yllsen, YourEyesOnly, Zaibatsu, Zaphiro, Zeppelin26, Zerebrum, Zollernalb, °, Århus, 658 anonymous edits

**Griechisch-katholische_Kirche_in_der_Slowakei** *Source*: http://de.wikipedia.org/w/index.php?title=Griechisch-katholische_Kirche_in_der_Slowakei *Contributors*: Biblelover, Buncic, Bärski, Crazy1880, Cristof, Decius, Dr-Victor-von-Doom, Ekpah, HaSee, Hanno Sandvik, Hejkal, Invisigoth67, Irmgard, Jed, Juro, KingLion, MAY, MarkBA, Mbdortmund, Michaël, Mihai Andrei, Nixred, Perrak, Satyrios, Shmuel haBalshan, Stfn, 18 anonymous edits

**Baška_(Slowakei)** *Source*: http://de.wikipedia.org/w/index.php?title=Ba%C5%A1ka_%28Slowakei%29 *Contributors*: Ambroix, Androl, High Contrast, Juro, MFM, Meichs, Miaow Miaow, Murli, Paddy, Zaungast, 3 anonymous edits

**Čaňa** *Source*: http://de.wikipedia.org/w/index.php?title=%C4%8Ca%C5%88a *Contributors*: MarkBA, Meichs, Murli, Rauenstein, Wurgl, Zeuke

**Čečejovce** *Source*: http://de.wikipedia.org/w/index.php?title=%C4%8Ce%C4%8Dejovce *Contributors*: MarkBA

**Drienovec** *Source*: http://de.wikipedia.org/w/index.php?title=Drienovec *Contributors*: MarkBA, Pico31

**Družstevná_pri_Hornáde** *Source*: http://de.wikipedia.org/w/index.php?title=Dru%C5%BEstevn%C3%A1_pri_Horn%C3%A1de *Contributors*: Ambroix, Amurtiger, Juro, MarkBA, Murli

**Hačava** *Source*: http://de.wikipedia.org/w/index.php?title=Ha%C4%8Dava *Contributors*: AHZ, Bärski, High Contrast, Juro, Meichs, MilD, Murli, Palica, Stadtmaus0815, Ureinwohner, Zeuke, 1 anonymous edits

**Haniska_(Košice-okolie)** *Source*: http://de.wikipedia.org/w/index.php?title=Haniska_%28Ko%C5%A1ice-okolie%29 *Contributors*: MarkBA

**Herľany** *Source*: http://de.wikipedia.org/w/index.php?title=Her%C4%BEany *Contributors*: Ambroix, Genealogist, Jo Weber, Karl Gruber, MarkBA, Meichs, Murli

# Image Sources, Licenses and Contributors

**Datei:Coat of arms of Bidovce.png** *Source*: http://de.wikipedia.org/w/index.php?title=Datei:Coat_of_arms_of_Bidovce.png *License*: unknown *Contributors*: User:Geograv

**Datei:Slovakia kosice kosiceokolie.png** *Source*: http://de.wikipedia.org/w/index.php?title=Datei:Slovakia_kosice_kosiceokolie.png *License*: unknown *Contributors*: Martin Proehl

**Bild:Bidovce, Reformovaný kostol.jpg** *Source*: http://de.wikipedia.org/w/index.php?title=Datei:Bidovce,_Reformovaný_kostol.jpg *License*: unknown *Contributors*: User:Rauenstein

**Datei:Flag of Slovakia.svg** *Source*: http://de.wikipedia.org/w/index.php?title=Datei:Flag_of_Slovakia.svg *License*: unknown *Contributors*: User:SKopp

**Datei:Coat of Arms of Slovakia.svg** *Source*: http://de.wikipedia.org/w/index.php?title=Datei:Coat_of_Arms_of_Slovakia.svg *License*: unknown *Contributors*: User:Tlusťa

**Datei:Slovakia in European Union.svg** *Source*: http://de.wikipedia.org/w/index.php?title=Datei:Slovakia_in_European_Union.svg *License*: unknown *Contributors*: TUBS

**Datei:Slowakei Staedte und Fluesse.svg** *Source*: http://de.wikipedia.org/w/index.php?title=Datei:Slowakei_Staedte_und_Fluesse.svg *License*: unknown *Contributors*: User:Wimox

**Datei:Slovakia_topo.jpg** *Source*: http://de.wikipedia.org/w/index.php?title=Datei:Slovakia_topo.jpg *License*: unknown *Contributors*: Captain Blood, Juetho, Mahlum, Sting, 1 anonymous edits

**Datei:Blaue Kirche Bratislava.JPG** *Source*: http://de.wikipedia.org/w/index.php?title=Datei:Blaue_Kirche_Bratislava.JPG *License*: unknown *Contributors*: User:Toffel

**Datei:Trencin-Roman2.JPG** *Source*: http://de.wikipedia.org/w/index.php?title=Datei:Trencin-Roman2.JPG *License*: unknown *Contributors*: Alatius, Caligatus, G.dallorto, Matros, Mo-Slimy, Nonopoly, Pescan, Rossignol Benoît, TcfkaPanairjdde, 4 anonymous edits

**Datei:Spissky hrad 2007.jpg** *Source*: http://de.wikipedia.org/w/index.php?title=Datei:Spissky_hrad_2007.jpg *License*: unknown *Contributors*: User:Juloml

**Datei:Milan Rastislav Štefánik.jpg** *Source*: http://de.wikipedia.org/w/index.php?title=Datei:Milan_Rastislav_Štefánik.jpg *License*: unknown *Contributors*: Guilhem06, Pescan, Timichal, Zirland, 1 anonymous edits

**Datei:Euro accession.svg** *Source*: http://de.wikipedia.org/w/index.php?title=Datei:Euro_accession.svg *License*: unknown *Contributors*: User:Miraceti

**Datei:Mapa zeleznicnych trati ZSR ENG.png** *Source*: http://de.wikipedia.org/w/index.php?title=Datei:Mapa_zeleznicnych_trati_ZSR_ENG.png *License*: unknown *Contributors*: ENG-N1

**Datei:ViaductPovBystrica2010.jpg** *Source*: http://de.wikipedia.org/w/index.php?title=Datei:ViaductPovBystrica2010.jpg *License*: unknown *Contributors*: User:Reed072

**Datei:Coat_of_arms_of_Košice.png** *Source*: http://de.wikipedia.org/w/index.php?title=Datei:Coat_of_arms_of_Košice.png *License*: unknown *Contributors*: User:Geograv, User:Marian Gladis

**Datei:Slovakia kraj kosice.png** *Source*: http://de.wikipedia.org/w/index.php?title=Datei:Slovakia_kraj_kosice.png *License*: unknown *Contributors*: Martin Pröhl

**Datei:Kosice 21.25005E 48.71672N.jpg** *Source*: http://de.wikipedia.org/w/index.php?title=Datei:Kosice_21.25005E_48.71672N.jpg *License*: unknown *Contributors*: Maros, Maximaximax, Red devil 666, Rex, Rüdiger Wölk, Slawojar

**Datei:Sckeskova panoráma Košíc.jpg** *Source*: http://de.wikipedia.org/w/index.php?title=Datei:Sckeskova_panoráma_Košíc.jpg *License*: unknown *Contributors*: User:Of

**Datei:Cassovia 1617.jpg** *Source*: http://de.wikipedia.org/w/index.php?title=Datei:Cassovia_1617.jpg *License*: unknown *Contributors*: User:Of

**Datei:Kaschau.General view.jpg** *Source*: http://de.wikipedia.org/w/index.php?title=Datei:Kaschau.General_view.jpg *License*: unknown *Contributors*: Bubamara, Finavon, Jan Arkesteijn, Pescan

**Datei:Normal IMG 67602.jpg** *Source*: http://de.wikipedia.org/w/index.php?title=Datei:Normal_IMG_67602.jpg *License*: unknown *Contributors*: User:RI91

**Datei:Kosice (Slovakia) - Andrassy's Palace.jpg** *Source*: http://de.wikipedia.org/w/index.php?title=Datei:Kosice_(Slovakia)_-_Andrassy's_Palace.jpg *License*: unknown *Contributors*: Fransvannes, Maros, Pescan

**Datei:Kosice (Slovakia) - St. Elizabeth's Catedral 2.jpg** *Source*: http://de.wikipedia.org/w/index.php?title=Datei:Kosice_(Slovakia)_-_St._Elizabeth's_Catedral_2.jpg *License*: unknown *Contributors*: Bubamara, Maros, Pescan

**Datei:Kosice-musikbrunnen.jpg** *Source*: http://de.wikipedia.org/w/index.php?title=Datei:Kosice-musikbrunnen.jpg *License*: unknown *Contributors*: Benutzer:Hypercubus

**Datei:Kosice - State Theatre and Main Street.JPG** *Source*: http://de.wikipedia.org/w/index.php?title=Datei:Kosice_-_State_Theatre_and_Main_Street.JPG *License*: unknown *Contributors*: Maros M r a z (Maros)

**Datei:Košice city parts.svg** *Source*: http://de.wikipedia.org/w/index.php?title=Datei:Košice_city_parts.svg *License*: unknown *Contributors*: User:Wizzard

**Datei:Košice.jpg** *Source*: http://de.wikipedia.org/w/index.php?title=Datei:Košice.jpg *License*: unknown *Contributors*: Original uploader was Marián Gladiš at sk.wikipedia

**Datei:Flag of Hungary.svg** *Source*: http://de.wikipedia.org/w/index.php?title=Datei:Flag_of_Hungary.svg *License*: unknown *Contributors*: User:SKopp

**Datei:Flag of Bulgaria.svg** *Source*: http://de.wikipedia.org/w/index.php?title=Datei:Flag_of_Bulgaria.svg *License*: unknown *Contributors*: User:SKopp

**Datei:Flag of Turkey.svg** *Source*: http://de.wikipedia.org/w/index.php?title=Datei:Flag_of_Turkey.svg *License*: unknown *Contributors*: User:Dbenbenn

**Datei:Flag of Finland.svg** *Source*: http://de.wikipedia.org/w/index.php?title=Datei:Flag_of_Finland.svg *License*: unknown *Contributors*: User:SKopp

**Datei:Flag of Germany.svg** *Source*: http://de.wikipedia.org/w/index.php?title=Datei:Flag_of_Germany.svg *License*: unknown *Contributors*: User:Madden, User:Pumbaa80, User:SKopp

**Datei:Flag of Poland.svg** *Source*: http://de.wikipedia.org/w/index.php?title=Datei:Flag_of_Poland.svg *License*: unknown *Contributors*: User:Mareklug, User:Wanted

**Datei:Flag of Russia.svg** *Source*: http://de.wikipedia.org/w/index.php?title=Datei:Flag_of_Russia.svg *License*: unknown *Contributors*: Zscout370

**Datei:Flag of the United States.svg** *Source*: http://de.wikipedia.org/w/index.php?title=Datei:Flag_of_the_United_States.svg *License*: unknown *Contributors*: User:Dbenbenn, User:Indolences, User:Jacobolus, User:Technion, User:Zscout370

**Datei:Flag of Ukraine.svg** *Source*: http://de.wikipedia.org/w/index.php?title=Datei:Flag_of_Ukraine.svg *License*: unknown *Contributors*: User:Jon Harald Søby, User:Zscout370

**Datei:Flag of Serbia.svg** *Source*: http://de.wikipedia.org/w/index.php?title=Datei:Flag_of_Serbia.svg *License*: unknown *Contributors*: sodipodi.com

**Datei:Flag of Italy.svg** *Source*: http://de.wikipedia.org/w/index.php?title=Datei:Flag_of_Italy.svg *License*: unknown *Contributors*: see below

**Datei:Flag of the Czech Republic.svg** *Source*: http://de.wikipedia.org/w/index.php?title=Datei:Flag_of_the_Czech_Republic.svg *License*: unknown *Contributors*: special commission (of code): SVG version by cs:-xfi-. Colors according to Appendix No. 3 of czech legal Act 3/1993. cs:Zirland.

**Datei:PrešovskáSečovská.jpg** *Source*: http://de.wikipedia.org/w/index.php?title=Datei:PrešovskáSečovská.jpg *License*: unknown *Contributors*: Of

**Datei:Kosice airport.JPG** *Source*: http://de.wikipedia.org/w/index.php?title=Datei:Kosice_airport.JPG *License*: unknown *Contributors*: myself

**Datei:Hornád River - location and watershed map.svg** *Source*: http://de.wikipedia.org/w/index.php?title=Datei:Hornád_River_-_location_and_watershed_map.svg *License*: unknown *Contributors*: User:Piroska

**Datei:Hornad in Slovak Paradise.jpg** *Source*: http://de.wikipedia.org/w/index.php?title=Datei:Hornad_in_Slovak_Paradise.jpg *License*: unknown *Contributors*: Marek K. Misztal

**Datei:Slanské vrchy.png** *Source*: http://de.wikipedia.org/w/index.php?title=Datei:Slanské_vrchy.png *License*: unknown *Contributors*: Meichs

**Datei:Slanské vrchy od Milhosti.jpg** *Source*: http://de.wikipedia.org/w/index.php?title=Datei:Slanské_vrchy_od_Milhosti.jpg *License*: unknown *Contributors*: User:Rauenstein

**Datei:Sečovce.erb.png** *Source*: http://de.wikipedia.org/w/index.php?title=Datei:Sečovce.erb.png *License*: unknown *Contributors*: Ambroix

**Datei:Slovakia kosice trebisov.png** *Source*: http://de.wikipedia.org/w/index.php?title=Datei:Slovakia_kosice_trebisov.png *License*: unknown *Contributors*: Martin Proehl

**Bild:Municipality buliding.jpg** *Source*: http://de.wikipedia.org/w/index.php?title=Datei:Municipality_buliding.jpg *License*: unknown *Contributors*: Matus Kacmar

**Datei:Slovakia memorial Dargov 4.jpg** *Source*: http://de.wikipedia.org/w/index.php?title=Datei:Slovakia_memorial_Dargov_4.jpg *License*: unknown *Contributors*: Jozef Kotulič

**Bild:European Road 50 number DE.svg** *Source*: http://de.wikipedia.org/w/index.php?title=Datei:European_Road_50_number_DE.svg *License*: unknown *Contributors*: User:RI91

**Bild:A60097.JPG** *Source*: http://de.wikipedia.org/w/index.php?title=Datei:A60097.JPG *License*: unknown *Contributors*: myself

**Bild:E50 route.svg** *Source*: http://de.wikipedia.org/w/index.php?title=Datei:E50_route.svg *License*: unknown *Contributors*: User:Thoron

**Bild:Czech highway D1.jpg** *Source*: http://de.wikipedia.org/w/index.php?title=Datei:Czech_highway_D1.jpg *License*: unknown *Contributors*: User:Che, User:Miraceti

**Bild:E50.jpg** *Source*: http://de.wikipedia.org/w/index.php?title=Datei:E50.jpg *License*: unknown *Contributors*: Original uploader was Mykenik at pl.wikipedia

**Datei:Coat of arms of Vranov nad Topľou.png** *Source*: http://de.wikipedia.org/w/index.php?title=Datei:Coat_of_arms_of_Vranov_nad_Topľou.png *License*: unknown *Contributors*: Budelberger, Rauenstein

**Datei:Slovakia presov vranovnadtoplou.png** *Source*: http://de.wikipedia.org/w/index.php?title=Datei:Slovakia_presov_vranovnadtoplou.png *License*: unknown *Contributors*: Martin Proehl

**Datei:133-3304 IMG.JPG** *Source*: http://de.wikipedia.org/w/index.php?title=Datei:133-3304_IMG.JPG *License*: unknown *Contributors*: Erika Mlejová ()

**Datei:Coat of arms of Michalovce.png** *Source*: http://de.wikipedia.org/w/index.php?title=Datei:Coat_of_arms_of_Michalovce.png *License*: unknown *Contributors*: Murli, Rauenstein

**Datei:Slovakia kosice michalovce.png** *Source*: http://de.wikipedia.org/w/index.php?title=Datei:Slovakia_kosice_michalovce.png *License*: unknown *Contributors*: Martin Proehl

**Datei:Michalovce2.JPG** *Source*: http://de.wikipedia.org/w/index.php?title=Datei:Michalovce2.JPG *License*: unknown *Contributors*: Szeder László

**Datei:Ulrich Zwingli.jpg** *Source*: http://de.wikipedia.org/w/index.php?title=Datei:Ulrich_Zwingli.jpg *License*: unknown *Contributors*: Chnodomar, Gildemax, Torsten Schleese

**Datei:Jean Calvin.png** *Source*: http://de.wikipedia.org/w/index.php?title=Datei:Jean_Calvin.png *License*: unknown *Contributors*: ++gardenfriend++, Gabor, Jamin, Kürschner, Phrood

**Datei:Mantz, Schutzschrift.png** *Source*: http://de.wikipedia.org/w/index.php?title=Datei:Mantz,_Schutzschrift.png *License*: unknown *Contributors*: Maksim, Skipjack, 1 anonymous edits

**Datei:BentoXVI-30-10052007.jpg** *Source*: http://de.wikipedia.org/w/index.php?title=Datei:BentoXVI-30-10052007.jpg *License*: unknown *Contributors*: Fabio Pozzebom/ABr

**Datei:St. Peter's Basilica Facade, Rome, June 2004.jpg** *Source*: http://de.wikipedia.org/w/index.php?title=Datei:St._Peter's_Basilica_Facade,_Rome,_June_2004.jpg *License*: unknown *Contributors*: DenghiùComm, Gugganij, Kurpfalzbilder.de, Ranveig, Rosarinagazo, Tano4595, TomAlt, Warburg, 2 anonymous edits

**Datei:Pope-peter pprubens.jpg** *Source*: http://de.wikipedia.org/w/index.php?title=Datei:Pope-peter_pprubens.jpg *License*: unknown *Contributors*: Alno, Carolus, Evrik, Innotata, Jacklee, JuTa, Kairios, Kgyt, Kilom691, Mattes, Shakko, Vincent Steenberg, Xenophon

**Datei:Bouguereau The Virgin With Angels.jpg** *Source*: http://de.wikipedia.org/w/index.php?title=Datei:Bouguereau_The_Virgin_With_Angels.jpg *License*: unknown *Contributors*: AndreasPraefcke, Man vyi, Mattes, Neitram, OldakQuill, Olivier2, Phrood, Ray9, Shakko, TFCforever

**Datei:Catholic population.svg** *Source*: http://de.wikipedia.org/w/index.php?title=Datei:Catholic_population.svg *License*: unknown *Contributors*: User:Fibonacci

**Datei:SK dieceze reckokat SK.jpg** *Source*: http://de.wikipedia.org/w/index.php?title=Datei:SK_dieceze_reckokat_SK.jpg *License*: unknown *Contributors*: User:Tomas.urban

**Datei:Baška erb.png** *Source*: http://de.wikipedia.org/w/index.php?title=Datei:Baška_erb.png *License*: unknown *Contributors*: Ambroix

**Datei:Coat of arms of Čaňa.png** *Source*: http://de.wikipedia.org/w/index.php?title=Datei:Coat_of_arms_of_Čaňa.png *License*: unknown *Contributors*: Murli, Odder, Rauenstein

**Bild:Čaňa, Reformovaný kostol.jpg** *Source*: http://de.wikipedia.org/w/index.php?title=Datei:Čaňa,_Reformovaný_kostol.jpg *License*: unknown *Contributors*: User:Rauenstein

**Datei:Coats_of_arms_of_None.svg** *Source*: http://de.wikipedia.org/w/index.php?title=Datei:Coats_of_arms_of_None.svg *License*: unknown *Contributors*: User:Huhsunqu, User:TM

**Datei:Dru.pri hor.png** *Source*: http://de.wikipedia.org/w/index.php?title=Datei:Dru.pri_hor.png *License*: unknown *Contributors*: Ambroix

**Datei:Družstevná pri Hornáde.jpg** *Source*: http://de.wikipedia.org/w/index.php?title=Datei:Družstevná_pri_Hornáde.jpg *License*: unknown *Contributors*: trabant z lesopárku

**Datei:Coat of arms of Hačava.png** *Source*: http://de.wikipedia.org/w/index.php?title=Datei:Coat_of_arms_of_Hačava.png *License*: unknown *Contributors*: User:Geograv

**Bild:hacava.jpg** *Source*: http://de.wikipedia.org/w/index.php?title=Datei:Hacava.jpg *License*: unknown *Contributors*: MilD

**Datei:Herľany wappen.png** *Source*: http://de.wikipedia.org/w/index.php?title=Datei:Herľany_wappen.png *License*: unknown *Contributors*: Ambroix

**Bild:Herlany gejzir.jpg** *Source*: http://de.wikipedia.org/w/index.php?title=Datei:Herlany_gejzir.jpg *License*: unknown *Contributors*: User:Juloml

Printed by Books on Demand GmbH, Norderstedt / Germany